Excel VBAの絵本

毎日の仕事がはかどる9つの

JN081894

（株）アンク

SE
SHOEISHA

はじめに

同じような操作や複雑な操作を何回も繰り返すわずらわしさをどうにかしたい、そんな悩みを解消してくれるのが、アプリケーションに組み込まれた「マクロ」という機能です。マクロとは、もともと、決められた書式で記録した手順を自動実行する機能を意味していましたが、プログラミング言語（マクロ言語）を使った高度な操作をサポートするアプリケーションも存在します。Microsoft Officeはその代表的なものです。

VBAは、Visual Basic for Applicationsの略で、ExcelやAccessなどのMicrosoft Office系のアプリケーションに特化したマクロ言語です。VBAのもとになったVisual Basicは、比較的なじみやすいプログラミング言語ですが、プログラミングには、論理的な思考や、完成形を直観的にイメージする想像力も必要とされるので、ハードルが高いと感じる人も少なくないようです。

本書は、そんな方々に向けたVBAの入門書です。イラストや図をふんだんに使って解説することで、プログラミングやVBAの基礎を固め、プログラムからアプリケーションの動作もイメージしてもらえるように工夫しています。

本書の前身である「VBAの絵本」は、ExcelとAccessでVBAを活用するための本として、2005年に刊行されました。このたび、ありがたいことに改訂版をお届けできることになりましたが、今回は対象をExcelのみとし、プログラミングの考え方やExcelとの関わりをより詳しく、より丁寧に解説するようにしました。

本書が、Excelをより高度に活用するための入り口として、読者の皆さまの一助になれば幸いです。

2021年 8月　著者記す

≫この本の特徴

●本書は見開き2ページで1つの話題を完結させ、イメージがばらばらにならないように配慮しています。また、あとで必要な部分を探すのにも有効にお使いいただけます。

●各トピックでは、難解な説明文は極力少なくし、難しい技術であってもイラストでイメージがつかめるようにしています。詳細な事柄よりも全体像をつかむことを意識しながら読み進めていただくと、より効果的にお使いいただけます。

●本書の解説とサンプルは、Windows 10上で、Microsoft Excel 2019、または2021年8月時点のMicrosoft 365版Excelを使って開発することを前提にしています。

≫対象読者

本書は、VBAをこれから学ぶ方はもちろん、一度挑戦したけれども挫折してしまったという方、少しは知ってはいるけれどあらためて基本を学び直してみたいという方におすすめします。

≫表記について

本書は以下のような約束で書かれています。

【例と実行結果】

プログラミングで入力する内容

例

```
Sub WorkBookName()
      MsgBox ActiveWorkbook.Name
      MsgBox ThisWorkbook.Name
End Sub
```

実際の画面に表示される内容

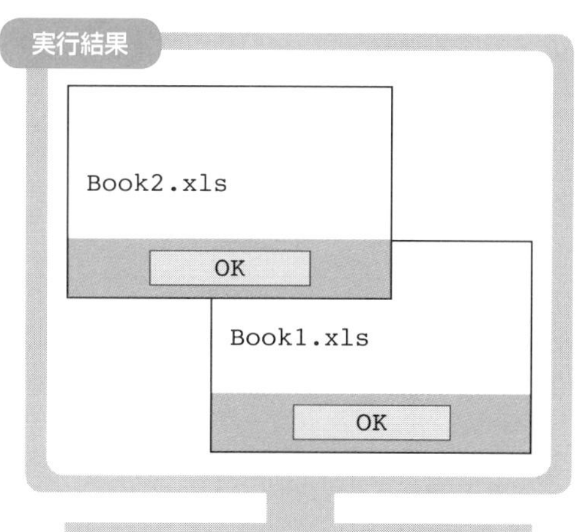
実行結果
Book2.xls
OK
Book1.xls
OK

【書体】

ゴシック体：重要な単語

`List Font`：VBA のプログラミングに実際に用いられる文や単語

`List Bold Font`：List Font の中でも重要なポイント

【その他】

●本文中の用語に振り仮名を振ってありますが、あくまで一例であり、異なる読み方をする場合があります。

●コンピュータや各種アプリケーション上で表示される内容などは、利用する環境によって異なることがあります。

V

Contents

Excel VBAの勉強を はじめる前に

VBAとは

Microsoft ExcelやAccessなどのアプリケーションには、操作や処理を自動化するための命令（プログラム）を搭載する機能があります。VBAは、**Visual Basic for Applications**の略で、そのようなプログラムを作るための言語（プログラミング言語）の1つです。

もともとWindows登場以前にBasicというプログラミング言語があり、これをWindowsアプリケーションの作成に対応させたMicrosoft社の製品が、**Visual Basic（VB）**です。VBはその後Visual Basic .NET（VB.NET）という言語に進化したのですが、バージョンの変化とともにこの「.NET」という名称は使われなくなりました。以前のように単にVisual Basic/VBと呼ぶようになり、現在VBといえばVB.NETを指しています。

VBAのA（for Applications）は、「Microsoft Office製品用にカスタマイズされている」という意味で、その文法はVBそっくりになっています。VBAは、ExcelやAccessといったOffice製品（ほぼ現在の仕様になったのはバージョン97以降）に機能の1つとして組み込まれており、製品を持っている人なら誰でも利用することができます。一方、それらのアプリケーションがない環境では利用することができません。

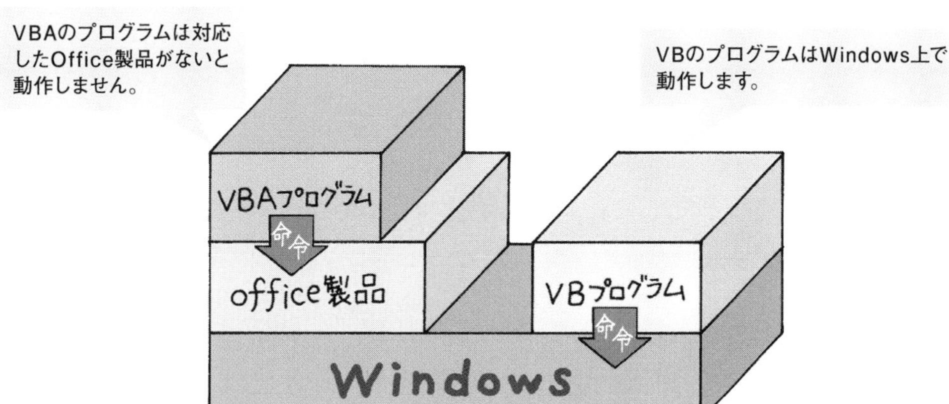
VBAのプログラムは対応したOffice製品がないと動作しません。
VBのプログラムはWindows上で動作します。
VBAプログラム
命令
office製品
VBプログラム
命令
Windows

VBAを使ってできること

Excelのようなアプリケーションは、それだけでもじゅうぶんさまざまな用途に活用できる製品になっています。それでも日々使い込んでいると、あらかじめ用意された標準的な機能だけでは、不便やもの足りなさを感じることもあります。たとえば、一連の処理を異なるデータに対して繰り返す場合、いちいち「このボタンを押して、この部分を選択して…」と考えながら手を動かすのは面倒です。

このような処理を自動的に行うために考え出されたのが、**マクロ**機能を持つアプリケーションです。直前までのキーボードの動きをトレースするキーボードマクロのほか、操作手順を命令の集まりとしてテキスト形式で記録し、ユーザーが自由に編集できるようにしたマクロ言語というものも登場しました。

通常

マクロを使用
マクロ

VBAはマクロ言語を発展させてより高機能にしたものです。作業の自動化だけでなく、条件に応じた処理をさせたり、ユーザーが入力しやすいようにフォームを追加したりと、Officeアプリケーションをより使いやすくできます。また、Office製品間でデータをやりとりすることも可能です。文法はVBをベースにしているため、VBを知っている人なら、比較的簡単に使いこなせるでしょう。

VBAを使用

VBA
VBA

Excelのデータファイルの構成

Excelのデータファイルの中には、普段目にするシートやセル以外に、VBAのコードが隠れています。

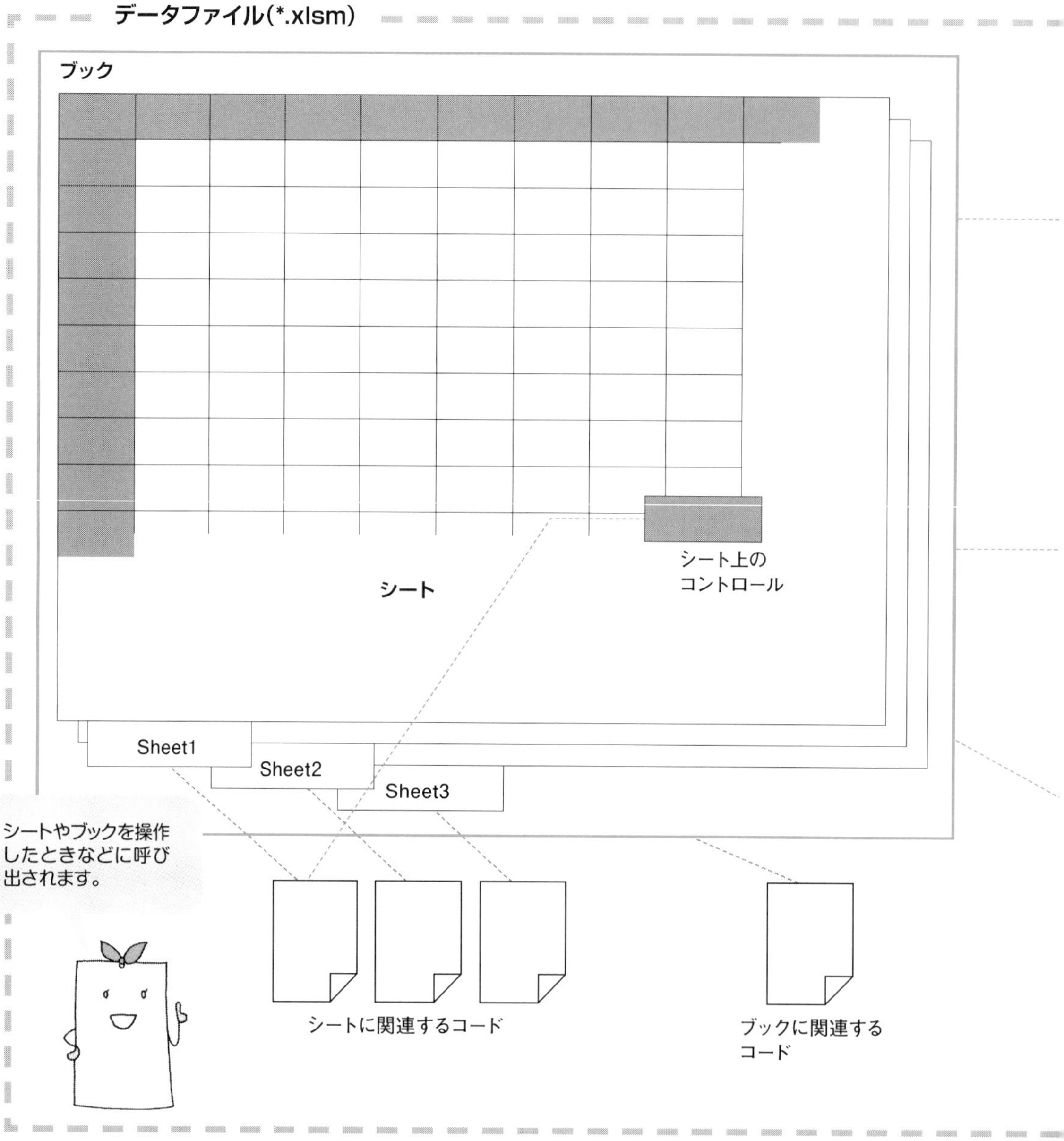

データファイル(*.xlsm)
ブック
シート上の
コントロール
シート
Sheet1
Sheet2
Sheet3
シートやブックを操作したときなどに呼び出されます。
シートに関連するコード
ブックに関連する
コード

標準モジュール･･･シートやブックに関連しないコード

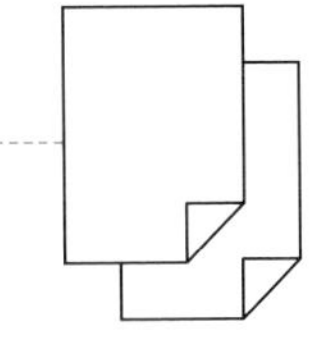

フォームやコードのことを**オブジェクト**といいます。

※オブジェクトについては第6章、第7章を参照

フォーム･･･ユーザーが作成したダイアログに関連するコード

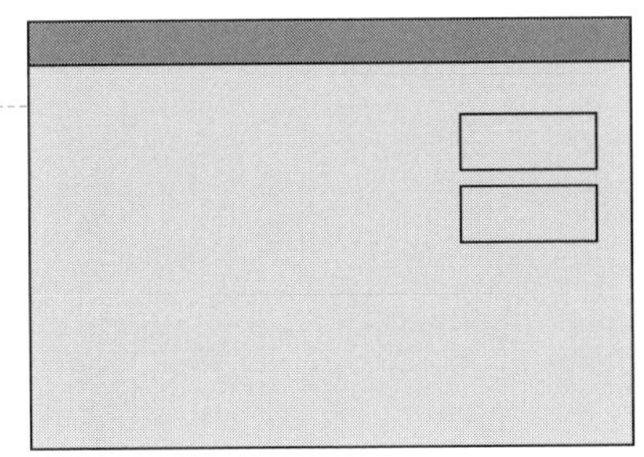

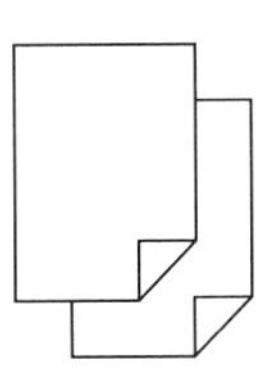

クラスモジュール･･･クラス形式で記述したコード

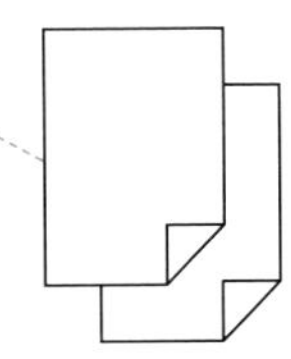

ここに登場したものは**プロジェクト**という単位で管理されます。

VBAの開発環境

VBAを記述して実行するには、**VBE**（Visual Basic Editor）というものを使います。通常はMicrosoft Officeと同時にインストールされるため、新たにインストールする必要はありませんが、デフォルトの状態ではすぐに使えるようにはなっていないので、次のような設定を行ってください。

≫開発タブの表示

［ファイル］-［オプション］をクリックします。

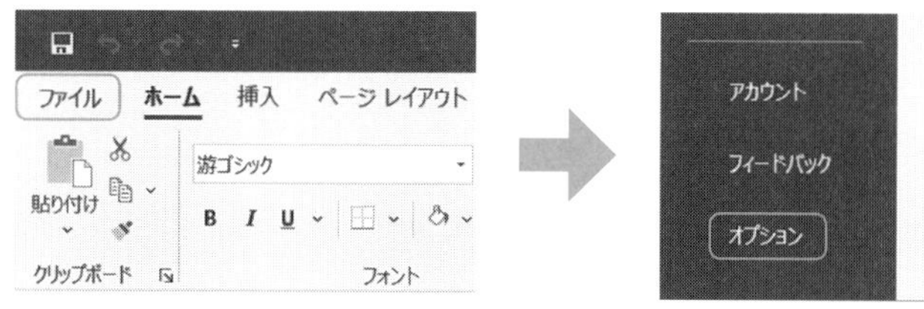
ファイル
ホーム
挿入
ページ レイアウト
貼り付け
游ゴシック
B I U
クリップボード
フォント
アカウント
フィードバック
オプション

［リボンのユーザー設定］をクリックし、［メイン タブ］の［開発］にチェックを入れて、［OK］をクリックします。

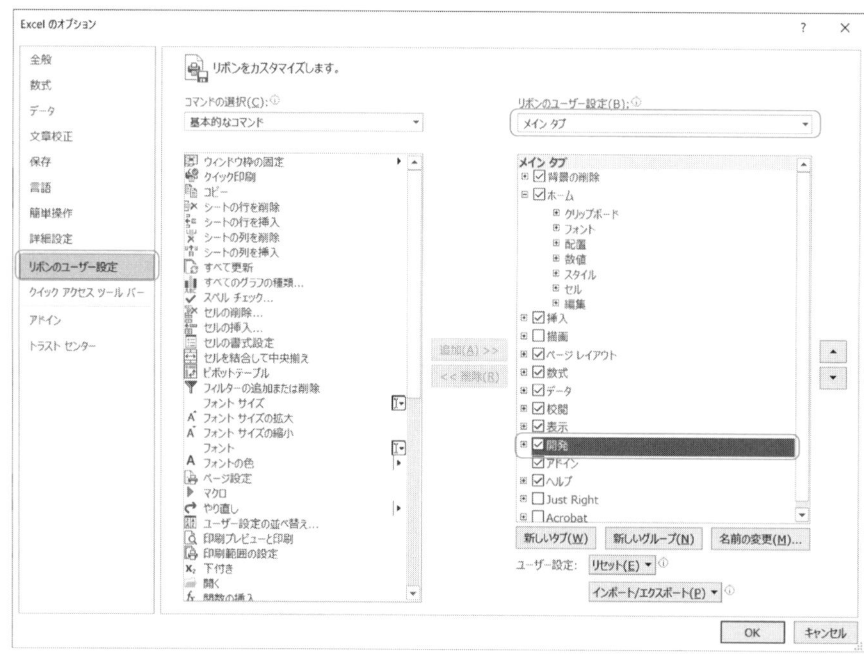
Excel のオプション
全般
数式
データ
文章校正
保存
言語
簡単操作
詳細設定
リボンのユーザー設定
クイック アクセス ツール バー
アドイン
トラスト センター
リボンをカスタマイズします。
コマンドの選択(C):
基本的なコマンド
リボンのユーザー設定(B):
メイン タブ
ウィンドウ枠の固定
クイック印刷
コピー
シートの行を削除
シートの行を挿入
シートの列を削除
シートの列を挿入
すべて更新
すべてのグラフの種類...
スペル チェック...
セルの削除...
セルの挿入...
セルの書式設定
セルを結合して中央揃え
ピボットテーブル
フィルターの追加または削除
フォント サイズ
フォント サイズの拡大
フォント サイズの縮小
フォント
フォントの色
ページ設定
マクロ
やり直し
ユーザー設定の並べ替え...
印刷プレビューと印刷
印刷範囲の設定
下付き
開く
関数の挿入
追加(A) >>
<< 削除(R)
メイン タブ
背景の削除
ホーム
クリップボード
フォント
配置
数値
スタイル
セル
編集
挿入
描画
ページ レイアウト
数式
データ
校閲
表示
開発
アドイン
ヘルプ
Just Right
Acrobat
新しいタブ(W)
新しいグループ(N)
名前の変更(M)...
ユーザー設定:
リセット(E)
インポート/エクスポート(P)
OK
キャンセル

これでリボンに [開発] タブが表示されるようになります。

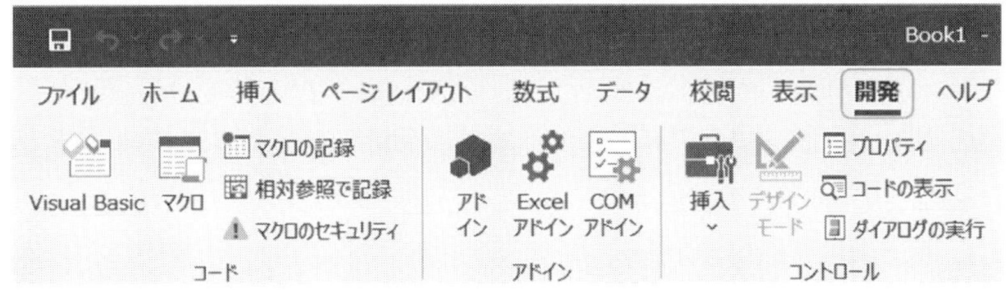

Book1
ファイル
ホーム
挿入
ページ レイアウト
数式
データ
校閲
表示
開発
ヘルプ
Visual Basic
マクロ
マクロの記録
相対参照で記録
マクロのセキュリティ
コード
アド イン
Excel アドイン
COM アドイン
アドイン
挿入
デザイン モード
プロパティ
コードの表示
ダイアログの実行
コントロール

≫VBEの起動

VBEを起動するにはいくつかの方法がありますが、もっともオーソドックスな方法としては、リボンの [開発] タブを選択し、[Visual Basic] ボタンをクリックします（上の画像を参照してください）。キーボードで [Alt] キーと [F11] キーを同時に押すことでも起動できます。

≫VBEの画面構成

VBEの主な画面構成を説明します。

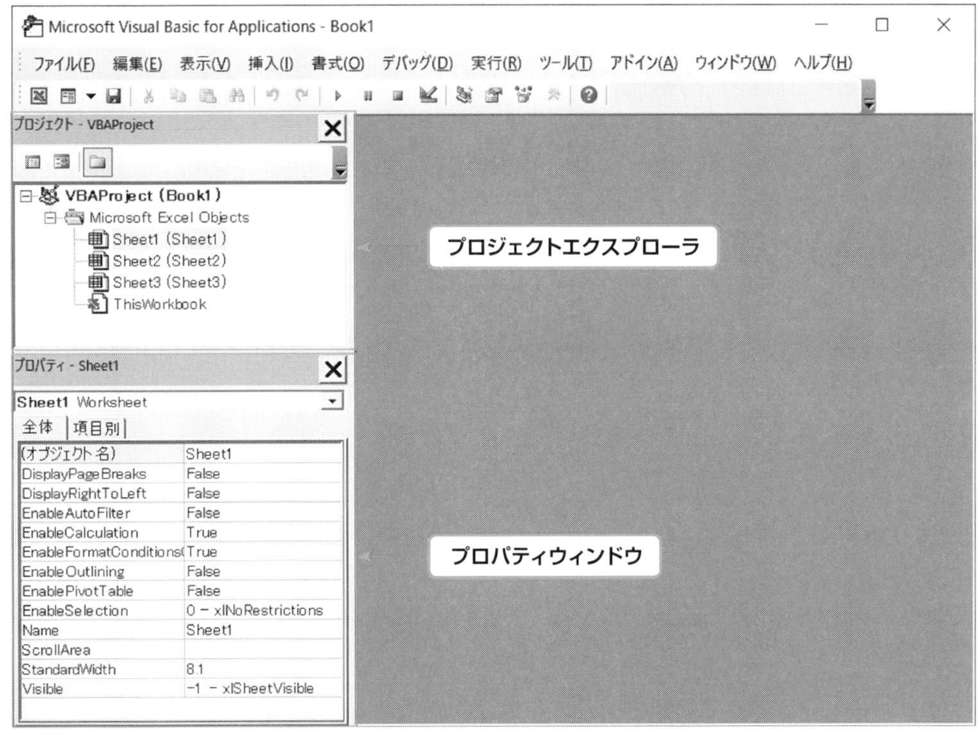

Microsoft Visual Basic for Applications - Book1
ファイル(F) 編集(E) 表示(V) 挿入(I) 書式(O) デバッグ(D) 実行(R) ツール(T) アドイン(A) ウィンドウ(W) ヘルプ(H)
プロジェクト - VBAProject
VBAProject (Book1)
Microsoft Excel Objects
Sheet1 (Sheet1)
Sheet2 (Sheet2)
Sheet3 (Sheet3)
ThisWorkbook
プロジェクトエクスプローラ
プロパティ - Sheet1
Sheet1 Worksheet
全体
項目別
(オブジェクト名) Sheet1
DisplayPageBreaks False
DisplayRightToLeft False
EnableAutoFilter False
EnableCalculation True
EnableFormatConditions(True
EnableOutlining False
EnablePivotTable False
EnableSelection 0 - xlNoRestrictions
Name Sheet1
ScrollArea
StandardWidth 8.1
Visible -1 - xlSheetVisible
プロパティウィンドウ

起動した直後はプロジェクトエクスプローラとプロパティウィンドウだけが表示されています

≫プロジェクトエクスプローラ

xii〜xiiiページで見てきたように、VBAでは、追加したフォームやコードなどをブックやデータベースのオブジェクトと考え、まとめて1つのプロジェクトとして保存します。こうしたプロジェクトを管理するのが、プロジェクトエクスプローラ（プロジェクトウィンドウ）です。

プロジェクトエクスプローラでは、プロジェクトに含まれるすべてのオブジェクトをツリー表示で確認できます。プロジェクトエクスプローラには3つのボタンがあり、それぞれ選択したオブジェクトを表示します。

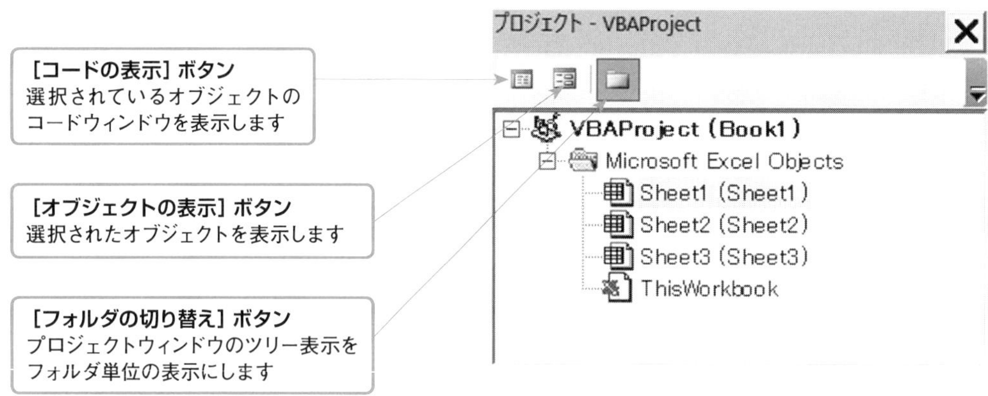
[コードの表示] ボタン
選択されているオブジェクトのコードウィンドウを表示します
[オブジェクトの表示] ボタン
選択されたオブジェクトを表示します
[フォルダの切り替え] ボタン
プロジェクトウィンドウのツリー表示をフォルダ単位の表示にします
プロジェクト - VBAProject
VBAProject (Book1)
Microsoft Excel Objects
Sheet1 (Sheet1)
Sheet2 (Sheet2)
Sheet3 (Sheet3)
ThisWorkbook

≫プロパティウィンドウ

各オブジェクトのプロパティ（属性）を表示したり設定したりします（プロパティについては112ページを参照）。

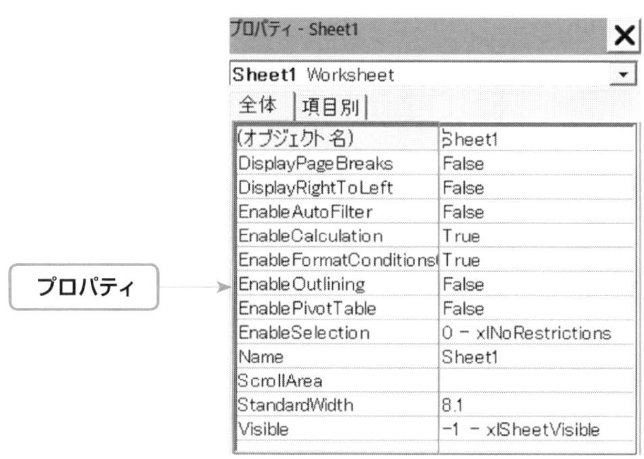
プロパティ
プロパティ - Sheet1
Sheet1 Worksheet
全体
項目別
(オブジェクト名) Sheet1
DisplayPageBreaks False
DisplayRightToLeft False
EnableAutoFilter False
EnableCalculation True
EnableFormatConditions True
EnableOutlining False
EnablePivotTable False
EnableSelection 0 - xlNoRestrictions
Name Sheet1
ScrollArea
StandardWidth 8.1
Visible -1 - xlSheetVisible

≫コードウィンドウ

プロジェクトエクスプローラでオブジェクトを選択して［コードの表示］ボタンを押すか、オブジェクトをダブルクリックすると、コードウィンドウが表示されます。コードウィンドウでは、VBAのコードを表示したり記述したりします。

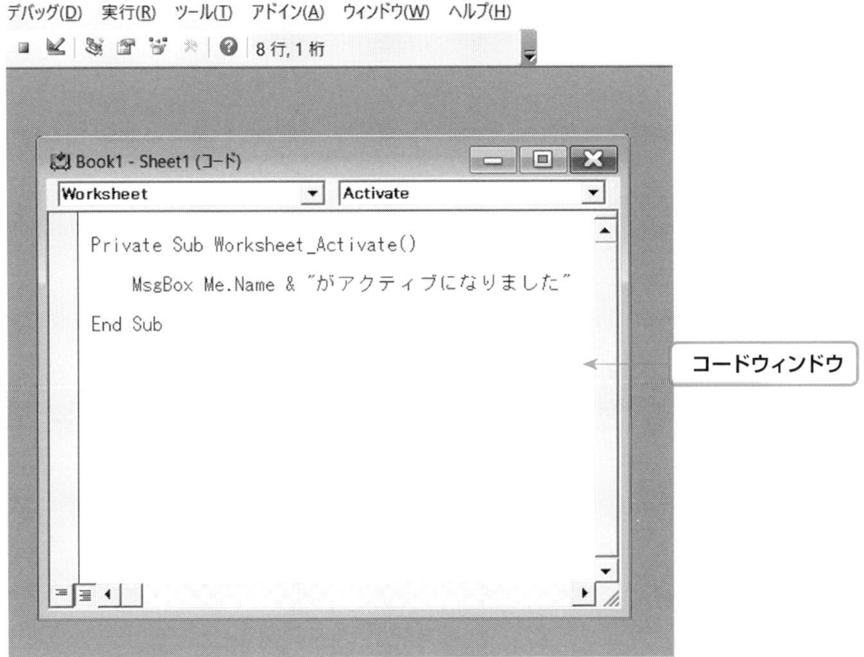
デバッグ(D) 実行(R) ツール(T) アドイン(A) ウィンドウ(W) ヘルプ(H)
8 行, 1 桁
Book1 - Sheet1 (コード)
Worksheet
Activate
Private Sub Worksheet_Activate()
MsgBox Me.Name & "がアクティブになりました"
End Sub
コードウィンドウ

≫ツールボックス

ユーザーフォームにコントロールという部品を貼り付けるときに使用します（フォームとコントロールについては第8章を参照）。

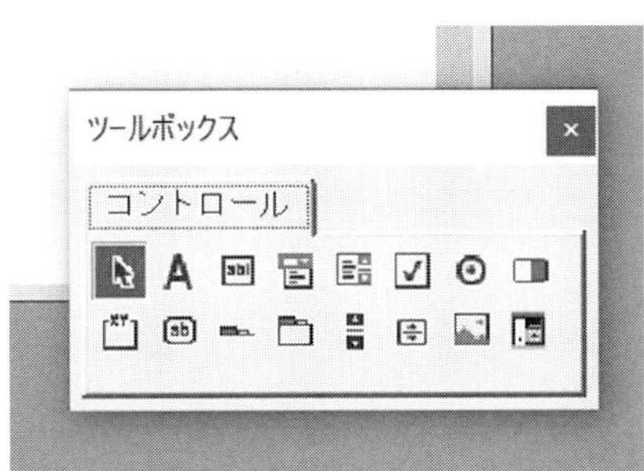
ツールボックス
コントロール

入力候補とクイックヒント

VBEでは、ミスを防ぎながらスムーズにコード入力ができるよう、入力の手助けとなる機能が用意されています。

≫自動クイックヒント

関数やメソッドなどを入力中に、その構文が自動的にポップアップされる機能です。ヒントの中では、現在入力している引数が太字で表示されます。この機能を使えば、構文をすべて正確に暗記していなくても、コードが楽に入力できるようになります。

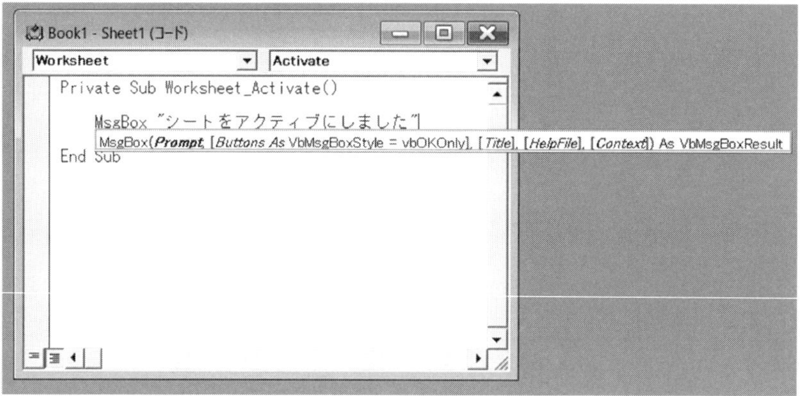
Book1 - Sheet1 (コード)
Worksheet
Activate
Private Sub Worksheet_Activate()
MsgBox "シートをアクティブにしました"
MsgBox(Prompt, [Buttons As VbMsgBoxStyle = vbOKOnly], [Title], [HelpFile], [Context]) As VbMsgBoxResult
End Sub

≫自動メンバー表示機能

キーワードの一部を入力すると、次に入力できるメソッドやプロパティ名の一覧がポップアップ表示される機能です。このように表示された候補の中から選択すれば、スペルミスがなくなり、コード入力の効率も上がります。一覧から入力するには、選択した入力候補をダブルクリックするほか、[Tab] キーを押しても入力できます。

Book1 - Sheet1 (コード)
Worksheet
Activate
Private Sub Worksheet_Activate()
MsgBox "シートをアクティブにしました", vbOKOnly
Me.
End
Activate
Application
AutoFilter
AutoFilterMode
Calculate
Cells
ChartObjects

≫機能の設定

［ツール］→［オプション］の［編集］タブで、「自動メンバー表示」「自動クイック ヒント」のチェックをはずせば、自動メンバー表示と自動クイックヒントの機能をオフにできます。デフォルトではオンになっています。

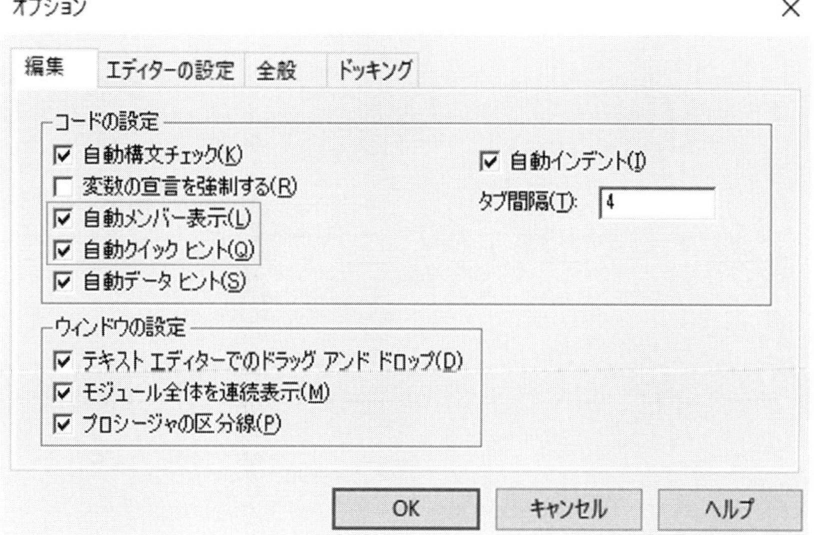
オプション
編集
エディターの設定
全般
ドッキング
コードの設定
自動構文チェック(K)
変数の宣言を強制する(R)
自動メンバー表示(L)
自動クイック ヒント(Q)
自動データ ヒント(S)
自動インデント(I)
タブ間隔(T):
4
ウィンドウの設定
テキスト エディターでのドラッグ アンド ドロップ(D)
モジュール全体を連続表示(M)
プロシージャの区分線(P)
OK
キャンセル
ヘルプ

1 マクロ

第1章は
ここがKey

マクロとVBA

Officeソフトは、ワープロソフト、表計算ソフト、データベースソフトなどをセットにしたもので、それぞれのソフトは豊富な機能を持っています。基本的な機能だけでもじゅうぶん活用できますが、日々使い込んでいると、毎日繰り返し行う単純作業などに不便やもの足りなさを感じることもあります。そこで便利なのが**マクロ**や**VBA**です。

マクロは、作業を自動化してアプリケーションを使いやすくするための機能です。

Excelのマクロでは、実際にマウスやキーボードから行った操作がVBAのプログラムとして自動記録されます。そのため、Excelではマクロ=VBAといえます。

処理を自由に記述して実行できるVBAのほうが、マクロより優れている感じがしますが、マクロにはあってVBAにはない操作も、わずかですが存在します。また、何といってもマクロはVBAに比べて「簡単に作成できる」という利点があります。マクロとVBAは、行いたい処理に応じて使い分けるようにしましょう。

マクロ
VBA

マクロ

マクロの実行

第1章では、VBAを学習する前段階として、マクロについて学びます。Excelを開いて、実際にマクロを作成したり、実行したりしてみましょう。

Excelで作成したマクロはVBAで記録されます。そのため、VBEでコードを見たり、コードを変更してマクロの動作を変えたりすることができます。マクロとVBAのコードがどのように対応しているのか比べてみてください。

マクロ
VBA

マクロでは便利な操作を実行できますが、コンピュータに害を与える操作も実行できてしまいます。このようなマクロを実行しないようにするため、Officeソフトにはマクロのセキュリティが設定できるようになっています。セキュリティの設定方法も紹介しますので、しっかり設定してコンピュータを守りましょう。

マクロとは

マクロとはどのようなものか見ていきましょう。

マクロとは？

マクロとは、アプリケーションソフトの操作を自動化するための機能です。Excelでもマクロが使え、何度も繰り返す一連の操作などを記録できます。

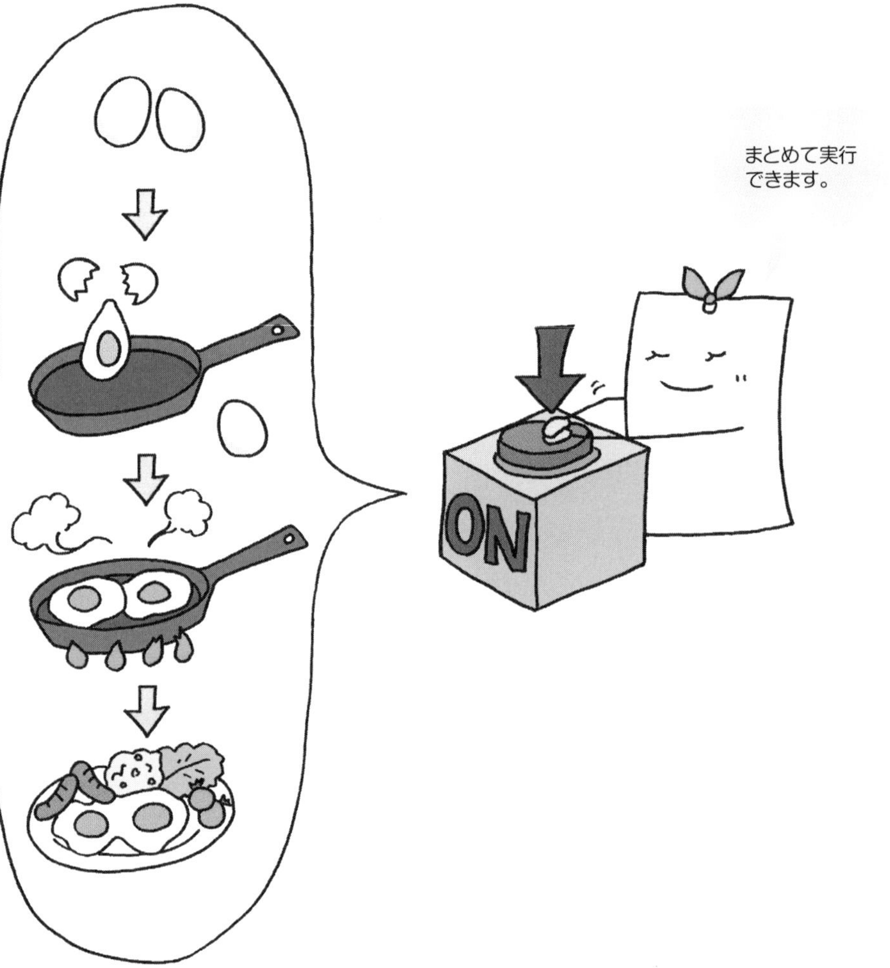

まとめて実行
できます。
ON

ExcelのマクロとVBA

Excelのマクロは、マウスやキーボードなどからの操作を記録して作成します。このとき、作成したマクロはVBAで記述されます。

一連の操作が自動で記録されるので、簡単に作成できます。
マクロの記録
VBA
Excelマクロ

マクロを使ってみる

Excelでマクロを作成し、実行する方法を紹介します。

マクロの記録

Excelでマクロを作成するには、マクロの記録機能を使います。[開発] タブにある [マクロの記録] ボタンをクリックすると、[マクロの記録] ダイアログが表示されるので、必要な項目を入力します。

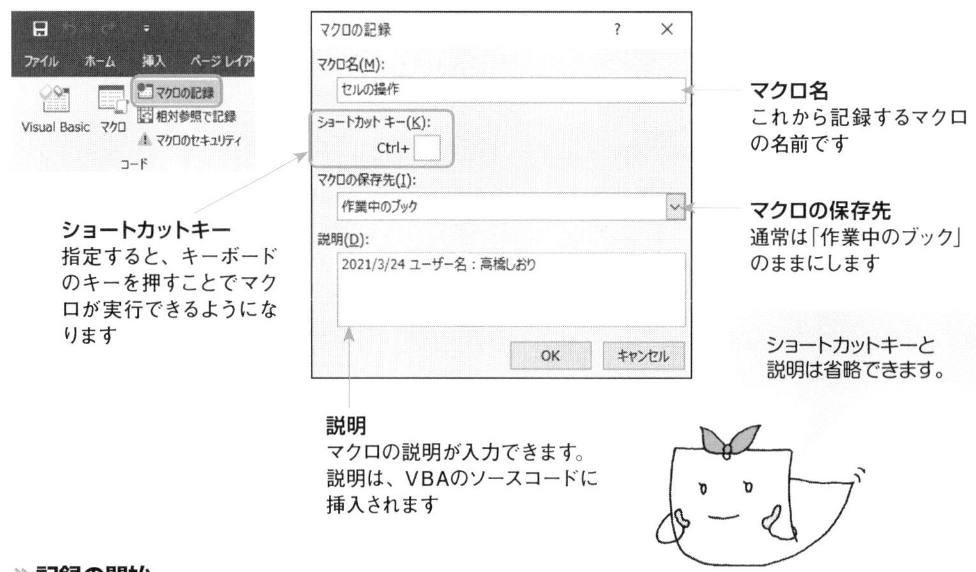
ファイル
ホーム
挿入
ページ レイア
Visual Basic
マクロ
マクロの記録
相対参照で記録
マクロのセキュリティ
コード
マクロの記録
マクロ名(M):
セルの操作
ショートカット キー(K):
Ctrl+
マクロの保存先(I):
作業中のブック
説明(D):
2021/3/24 ユーザー名：高橋しおり
OK
キャンセル
マクロ名
これから記録するマクロの名前です
マクロの保存先
通常は「作業中のブック」のままにします
ショートカットキー
指定すると、キーボードのキーを押すことでマクロが実行できるようになります
ショートカットキーと説明は省略できます。
説明
マクロの説明が入力できます。説明は、VBAのソースコードに挿入されます

≫記録の開始

[OK] ボタンをクリックすると、マクロの記録が開始されるので、記録したい操作を行ってください。このとき、[マクロの記録] ダイアログが閉じ、[マクロの記録] ボタンの表示が [記録終了] に変わります。

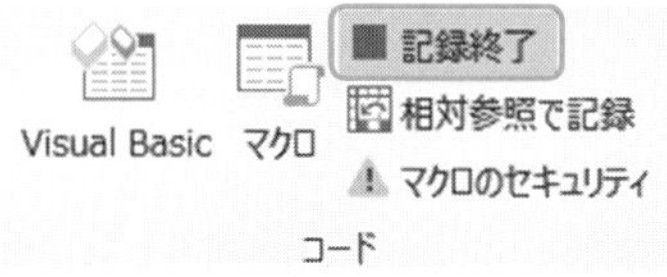
記録終了
相対参照で記録
Visual Basic
マクロ
マクロのセキュリティ
コード

≫記録の終了

[記録終了] ボタンをクリックすると、マクロの記録を終了します。ボタンの表示も [マクロの記録] に戻ります。

≫マクロの置き換え

作成したマクロと同じ名前のマクロを記録しようとすると、マクロの置き換え確認ダイアログが表示されます。ダイアログで［はい］をクリックすると、マクロを置き換えることができます。

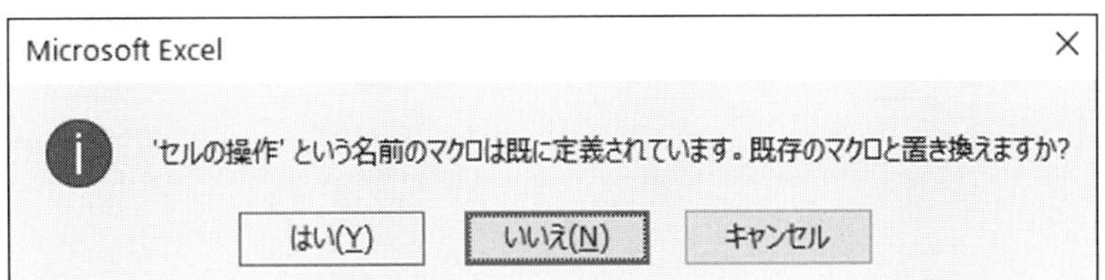

Microsoft Excel
'セルの操作' という名前のマクロは既に定義されています。既存のマクロと置き換えますか?
はい(Y)
いいえ(N)
キャンセル

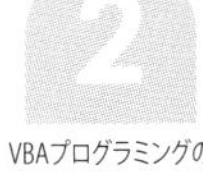

マクロの実行と削除

［開発］タブの［マクロ］ボタンを選択すると、［マクロ］ダイアログが表示されます。［マクロ］ダイアログには、作成したマクロが一覧表示されます。

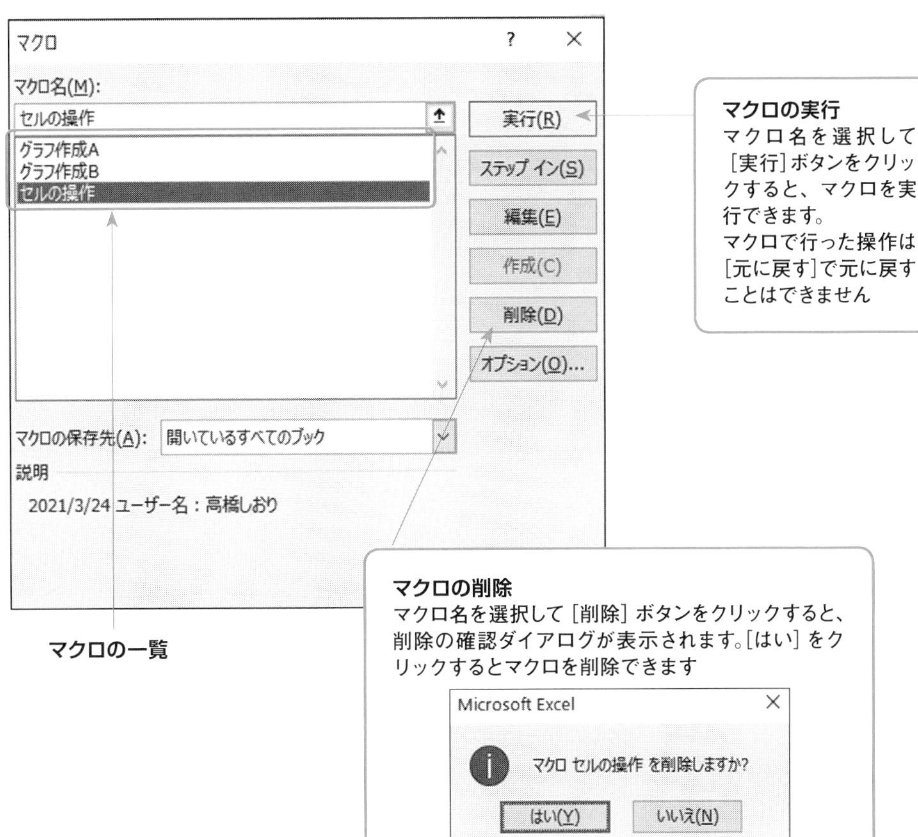

マクロ
マクロ名(M):
セルの操作
グラフ作成A
グラフ作成B
セルの操作
実行(R)
ステップ イン(S)
編集(E)
作成(C)
削除(D)
オプション(O)...
マクロの保存先(A): 開いているすべてのブック
説明
2021/3/24 ユーザー名：高橋しおり
マクロの実行
マクロ名を選択して［実行］ボタンをクリックすると、マクロを実行できます。
マクロで行った操作は［元に戻す］で元に戻すことはできません
マクロの一覧
マクロの削除
マクロ名を選択して［削除］ボタンをクリックすると、削除の確認ダイアログが表示されます。［はい］をクリックするとマクロを削除できます
Microsoft Excel
マクロ セルの操作 を削除しますか?
はい(Y)
いいえ(N)

マクロとVBAの関係

マクロがVBAで記述されていることを、VBEで確認してみます。

マクロとVBA

Excelのマクロは VBAで記述されるため、Visual Basic Editor（VBE：xiiページ）でコードを表示したり、編集したりすることができます。

VBE
Excel マクロ
VBA
VBEでマクロを
変更できます。

VBEの起動

［開発］タブの［Visual Basic］ボタンをクリックすると、VBEが起動します（xiiiページ参照）。

ファイル
ホーム
挿入
ページ レイアウト
数式
データ
校閲
表示
開発
Visual Basic
マクロ
マクロの記録
相対参照で記録
マクロのセキュリティ
コード
アド イン
Excel アドイン
COM アドイン
アドイン
挿入
デザイン モード
プロパティ
コードの表
ダイアログ
コントロール

記録されたマクロ

マクロを記録すると、VBEのプロジェクトエクスプローラにモジュールが追加されます。コードウィンドウが表示されていない場合は、そのモジュールをダブルクリック、または［コードの表示］ボタンをクリックします。

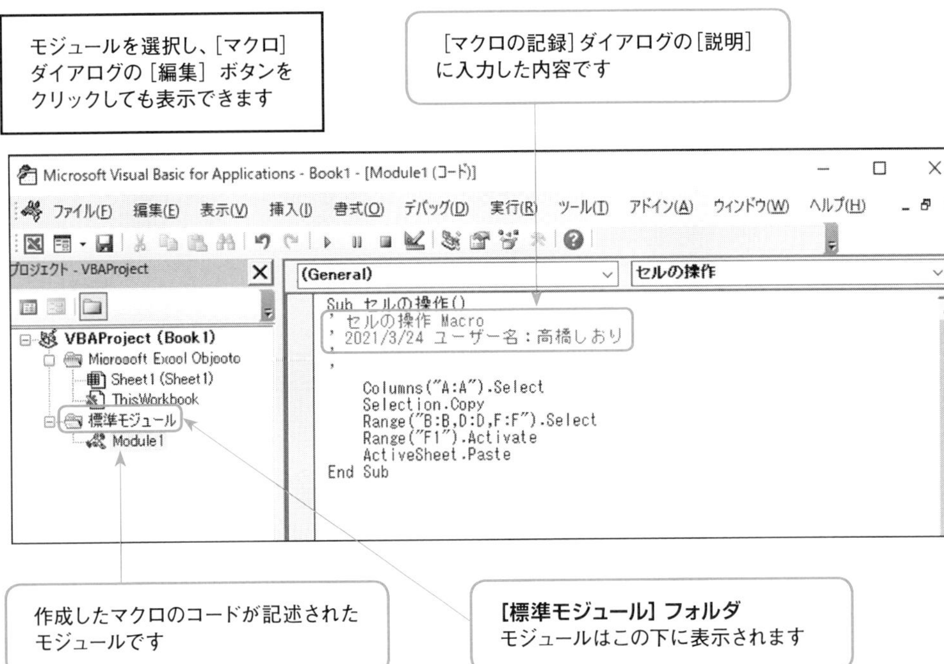

モジュールを選択し、［マクロ］ダイアログの［編集］ボタンをクリックしても表示できます
［マクロの記録］ダイアログの［説明］に入力した内容です
Microsoft Visual Basic for Applications - Book1 - [Module1 (コード)]
ファイル(F) 編集(E) 表示(V) 挿入(I) 書式(O) デバッグ(D) 実行(R) ツール(T) アドイン(A) ウィンドウ(W) ヘルプ(H)
プロジェクト - VBAProject
VBAProject (Book1)
Microsoft Excel Objects
Sheet1 (Sheet1)
ThisWorkbook
標準モジュール
Module1
(General)
セルの操作
Sub セルの操作()
' セルの操作 Macro
' 2021/3/24 ユーザー名：高橋しおり
'
'
Columns("A:A").Select
Selection.Copy
Range("B:B,D:D,F:F").Select
Range("F1").Activate
ActiveSheet.Paste
End Sub
作成したマクロのコードが記述されたモジュールです
［標準モジュール］フォルダ
モジュールはこの下に表示されます

次項でもう少し詳しく見ていきます。

マクロにより生成されたコード

マクロで生成されたコードを、もう少し確認しておきましょう。

記録した操作の確認

9ページのコードは、次のような操作を記録したものです。

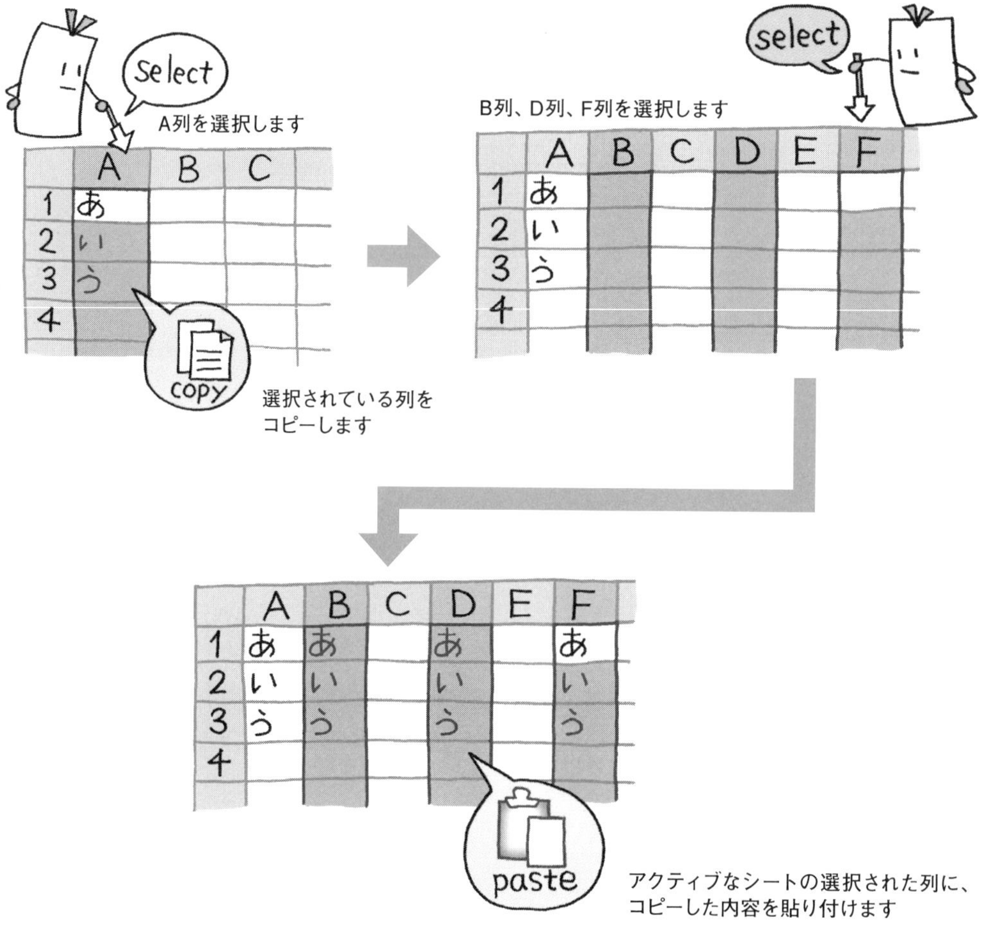

select
A列を選択します
A B C
1 あ
2 い
3 う
4
copy
選択されている列を
コピーします
select
B列、D列、F列を選択します
A B C D E F
1 あ
2 い
3 う
4
A B C D E F
1 あ あ あ あ
2 い い い い
3 う う う う
4
paste
アクティブなシートの選択された列に、
コピーした内容を貼り付けます

生成されたコード

コードの中身は次のようになっています。

コード	説明
`Columns("A:A").Select`	A列を選択します
`Selection.Copy`	選択されている列をコピーします
`Range("B:B,D:D,F:F").Select`	B列、D列、F列を選択します
`Range("F1").Activate`	セルF1がアクティブになります
`ActiveSheet.Paste`	アクティブなシートの選択された列に、コピーした内容を貼り付けます

上のマクロを別のシートで実行すると、次のようになります。

A1　×　✓　fx　か

	A	B	C	D	E	F	G	H
1	か	か		か		か		
2	き	き		き		き		
3	く	く		く		く		
4								
5								
6								
7								
8								
9								

セルの内容が変わっても、
記録された同じ操作を
繰り返します。

マクロ付きファイルの保存

マクロを含んだままでファイルを保存する方法を紹介します。

マクロ付きファイルの保存

マクロを含んだファイルは、次の手順で「Excel マクロ有効ブック（*.xlsm）」として保存します。

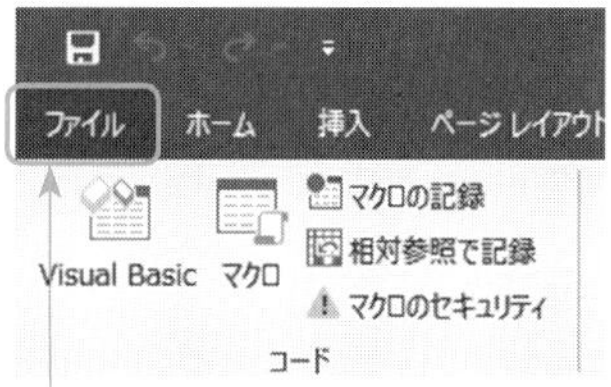

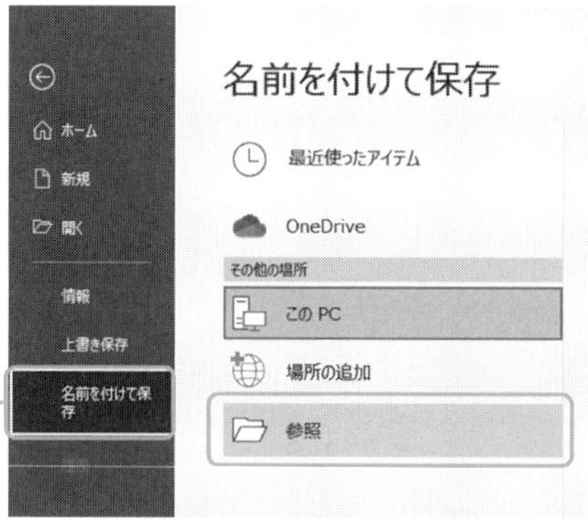

ファイル
ホーム
挿入
ページ レイアウト
Visual Basic
マクロ
マクロの記録
相対参照で記録
マクロのセキュリティ
コード
ホーム
新規
開く
情報
上書き保存
名前を付けて保存
名前を付けて保存
最近使ったアイテム
OneDrive
その他の場所
この PC
場所の追加
参照
名前を付けて保存
PC › DATA (D:) › ehon
ehonの検索
整理
新しいフォルダー
名前
更新日時
種類
検索条件に一致する項目はありません。
ファイル名(N): Book1.xlsm
ファイルの種類(T): Excel マクロ有効ブック (*.xlsm)
作成者: 山本 智史
タグ: タグの追加
縮小版を保存する
フォルダーの非表示
ツール(L)
保存(S)
キャンセル

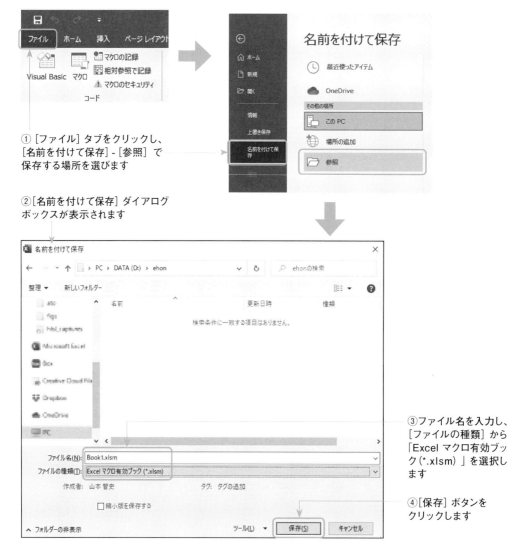

① [ファイル] タブをクリックし、[名前を付けて保存] - [参照] で保存する場所を選びます

②[名前を付けて保存] ダイアログボックスが表示されます

③ファイル名を入力し、[ファイルの種類] から「Excel マクロ有効ブック (*.xlsm)」を選択します

④[保存] ボタンをクリックします

マクロ有効ブックのアイコン

マクロを含んだファイルを「Excel マクロ有効ブック」として保存した場合、次のようなアイコンになります。

マクロを含んだExcelファイル

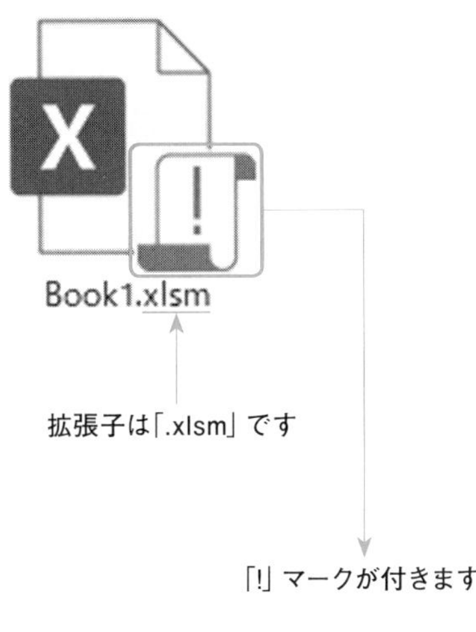
Book1.xlsm
拡張子は「.xlsm」です
「!」マークが付きます

マクロを含まない通常のファイル

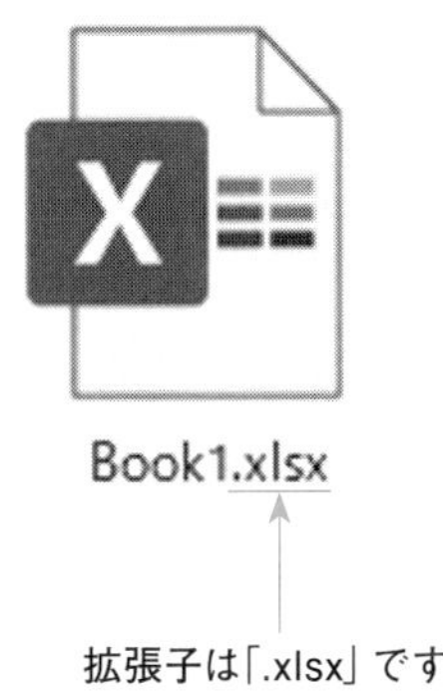
Book1.xlsx
拡張子は「.xlsx」です

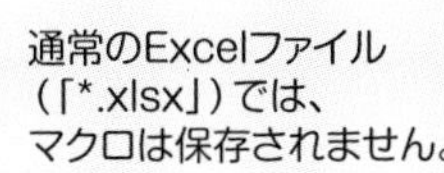
通常のExcelファイル
(「*.xlsx」)では、
マクロは保存されません。

Z
Z
Z

マクロ付きファイルの読み込み

マクロを含んだファイルを開くときの注意と、マクロのセキュリティを設定する方法を紹介します。

マクロウイルス

マクロでは、コンピュータに被害を与えるプログラムも作成できてしまいます。マクロで作成された不正なプログラムのことを**マクロウイルス**といいます。

マクロ
Excel
Windows

マクロ付きファイルの読み込み

マクロウイルス対策として、Excelのデフォルトの設定では、マクロが含まれているファイルを開くと次のような警告メッセージが表示されます。「コンテンツの有効化」をクリックすると、マクロが有効になります。

! **セキュリティの警告** マクロが無効にされました。 [コンテンツの有効化]

デフォルトでは、2回目からは表示されなくなります

セキュリティ上信頼できるファイルかどうか、確認してからクリックしましょう。

マクロのセキュリティの設定

マクロのセキュリティは、［開発］タブの［マクロのセキュリティ］をクリックすると表示される、［トラスト センター］の［マクロの設定］で設定できます。

ファイル
ホーム
挿入
ページ レイアウト
数式
データ
校閲
表示
開発
Visual Basic
マクロ
マクロの記録
相対参照で記録
マクロのセキュリティ
コード
アド イン
Excel アドイン
COM アドイン
アドイン
挿入
デザイン モード
プロパティ
コードの表
ダイアロ
コントロール

トラスト センター
信頼できる発行元
信頼できる場所
信頼済みドキュメント
信頼できるアドイン カタログ
アドイン
ActiveX の設定
マクロの設定
保護ビュー
メッセージ バー
外部コンテンツ
ファイル制限機能の設定
プライバシー オプション
フォームベースのサインイン
マクロの設定
警告を表示せずにすべてのマクロを無効にする(L)
警告を表示してすべてのマクロを無効にする(D)
デジタル署名されたマクロを除き、すべてのマクロを無効にする(G)
すべてのマクロを有効にする（推奨しません。危険なコードが実行される可能性があります）(E)
開発者向けのマクロ設定
VBA プロジェクト オブジェクト モデルへのアクセスを信頼する(V)
OK
キャンセル

※Excelのバージョンによっては「セキュリティ センター」になっている場合があります

※［トラスト センター］は、［ファイル］タブで［オプション］-［トラスト センター］と進み、［トラスト センターの設定］ボタンをクリックしても表示できます。

デフォルトでは「警告を表示してすべてのマクロを無効にする」が選択されています。

COLUMN

～マクロのコードからVBAへ～

マクロの記録機能は、一連の操作を簡単に自動化し、同じ処理をボタン1つで繰り返せるという便利さがあります。しかし、そこから生成されるコードは無駄が多く、必ずしも効率的なものではありません。

たとえば11ページのコードの4行目に「Range("F1").Activate」という1文があります。このマクロを記録するときに、F1セルをアクティブにするという操作は行っていません。

もう1つ見てみましょう。B1セルとC2セルを赤色に塗りつぶすマクロを記録すると下のようなコードになりました。

```
Range("B1,C2").Select
Range("C2").Activate
With Selection.Interior
    .Pattern = xlSolid
    .PatternColorIndex = xlAutomatic
    .Color = 255
    .TintAndShade = 0
    .PatternTintAndShade = 0
End With
```

紙幅の都合で細かい
解説は省略します。

同じ動作を直接VBAで記述するならば、次の1行で済みます。

```
Range("B1, C2").Interior.Color = RGB(255, 0, 0)
```

このように、自動生成されたコードには、必要のない記述も交じってしまうのです。複雑になってわかりづらいだけでなく、余分な動作が行われてプログラムの動作も遅くなります。

もう少しプログラミング的な視点から見ると、VBAでならできるけれど、マクロでは記録されないことやできないこと、というものもあります。たとえば次のようなことです。

・条件分岐、繰り返し処理（第5章）

・変数を使った処理（第2章）

せっかく役に立つ機能を追加したいのに、条件によって処理を振り分けたい、ある条件になるまで処理を繰り返したい、そういう作業を記録できないのは不便ですね。そうするとやはりVBAの出番です。

マクロの記録機能はもちろん便利ですが、きちんと学習して効率的な書き方を覚えれば、より効率のよいプログラムを作れますし、マクロの修正などに要する時間も大きく削減できるようになることでしょう。

2

VBAプログラミングの基礎

Hello World!
OK

第2章は
ここがKey

まずはメッセージボックスの表示から

これからいよいよ、実際にプログラムを作っていきます。ただし、読むだけではなかなか感覚がつかめません。手はじめに簡単なプログラムを書くことで、VBAの世界をのぞいてみることにしましょう。ここでは、メッセージボックスに「Hello World!」と表示することからはじめてみます。

VBAでメッセージボックスを表示するには、**MsgBox**という関数を使います。関数については第4章であらためて学びますので、ひとまずは「一連の処理の集まり」だと覚えておいてください。ですから、いろいろな処理を記述しなくても、MsgBox1つでメッセージボックスを表示できるのです。

ここまで読んで、そもそもプログラムはどこに記述するのか、どのように作成し、実行するのか、といった疑問も出てきたかもしれません。もちろんそういった基本の手順もいっしょに紹介していきます。

Hello World!
OK

いろいろな型、値、変数

プログラム上で文字や数字といったデータを扱うとき、それらを**変数**に入れておく、ということがよくあります。変数とは、データを入れておく箱のようなものです。基本的にコンピュータの世界では、「これは整数で、あれは文字」などと柔軟に判断できないため、データの性質によってさまざまな**データ型**を指定して、用途に応じたさまざまな箱を用意します。実は、VBAでは変数の宣言は必須ではなく、宣言していない変数を使用したり、データ型を省略して変数を宣言することもできます。とはいえ、きちんとしたプログラムを作成する上では、変数の知識は重要です。読み飛ばさずに学んでおきましょう。

変数に対し、特定の値に名前を付けたものを**定数**といいます。定数も箱のようなものですが、変数と違って一度入れたデータを変更できないという性質があります。

また、大量のデータを扱うときに便利な**配列**や、配列に似た**コレクション**についても解説します。関連するデータをまとめることで、プログラムを簡潔にすることができます。

第2章は、実際にプログラムを動かすというよりは予備知識的な勉強となりますが、この章がVBAのスタートラインです。しっかりイメージをつかんでいってください。

それでは、次のページからVBAプログラミングのはじまりです。

2
a

b
しおり
c

Hello World!
OK

プログラミングのはじめ方

まずはプログラムを記述する場所を開きましょう。

標準モジュール

シートやフォームに関連しないコードを**標準モジュール**といいます。これから作成するVBAのプログラムは標準モジュールに記述します。そしてこれを**VBE**から実行します。

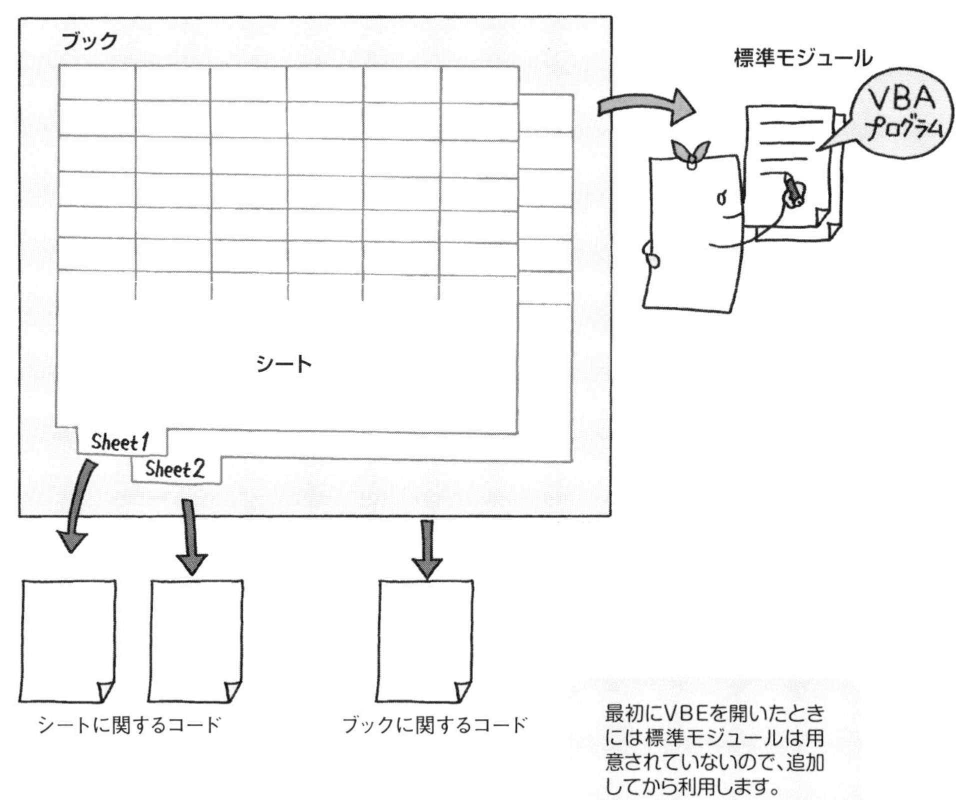
ブック
シート
Sheet1
Sheet2
標準モジュール
VBA
プログラム
シートに関するコード
ブックに関するコード

最初にVBEを開いたときには標準モジュールは用意されていないので、追加してから利用します。

標準モジュールの作成

VBEの［挿入］メニュー -［標準モジュール］を選択すると、プロジェクトに標準モジュールが追加され、追加した標準モジュールのコードウィンドウが表示されます。

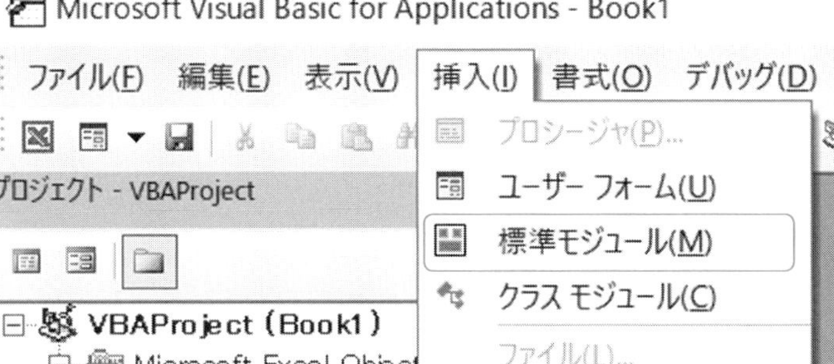

Microsoft Visual Basic for Applications - Book1
ファイル(F) 編集(E) 表示(V) 挿入(I) 書式(O) デバッグ(D)
プロシージャ(P)...
ユーザー フォーム(U)
標準モジュール(M)
クラス モジュール(C)
ファイル(L)...
プロジェクト - VBAProject
VBAProject (Book1)
Microsoft Excel Object
Sheet1 (Sheet1)

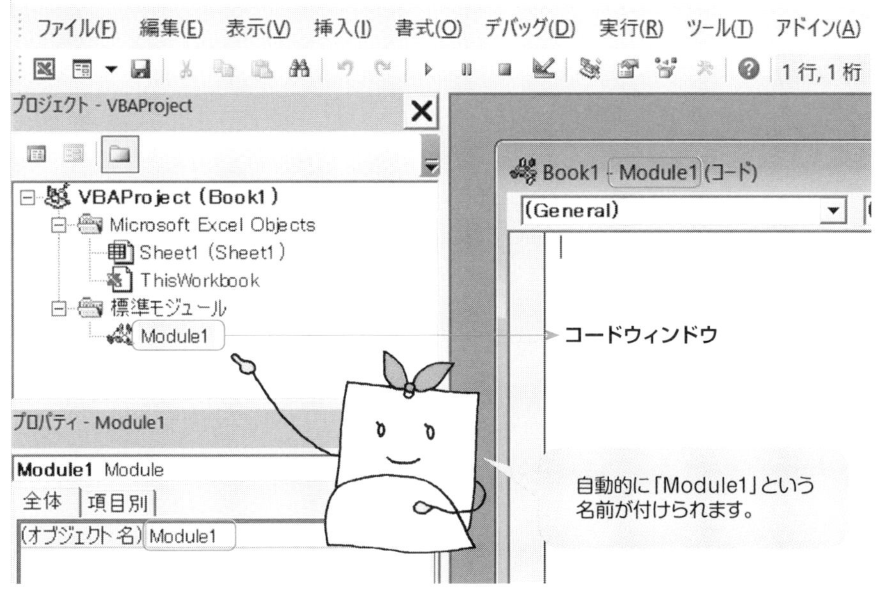

Microsoft Visual Basic for Applications - Book1
ファイル(F) 編集(E) 表示(V) 挿入(I) 書式(O) デバッグ(D) 実行(R) ツール(T) アドイン(A)
1 行, 1 桁
プロジェクト - VBAProject
VBAProject (Book1)
Microsoft Excel Objects
Sheet1 (Sheet1)
ThisWorkbook
標準モジュール
Module1
Book1 - Module1 (コード)
(General)
コードウィンドウ
プロパティ - Module1
Module1 Module
全体 項目別
(オブジェクト名) Module1
自動的に「Module1」という
名前が付けられます。

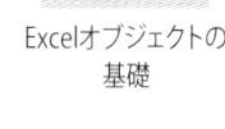

Hello World!
OK

シンプルなプログラムの作成と実行

メッセージボックスを表示するプログラムを使って、プログラムの実行方法を紹介します。

プログラムの記述

メッセージボックスを表示するプログラムは次のようなものです。これを「Module1（コード）」と書かれたウィンドウに記述します。

```
Sub Message()
    MsgBox "Hello World!"
End Sub
```

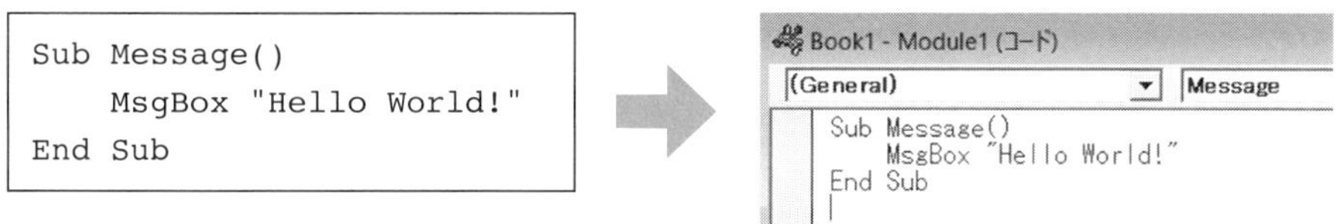
Book1 - Module1 (コード)
(General)
Message
Sub Message()
MsgBox "Hello World!"
End Sub

プログラムの実行

プログラムを実行するには、主にVBEから実行する方法と、Excelの画面から実行する方法とがあります。本書では基本的に、VBEから実行する方法を採用します。

≫VBEから実行する

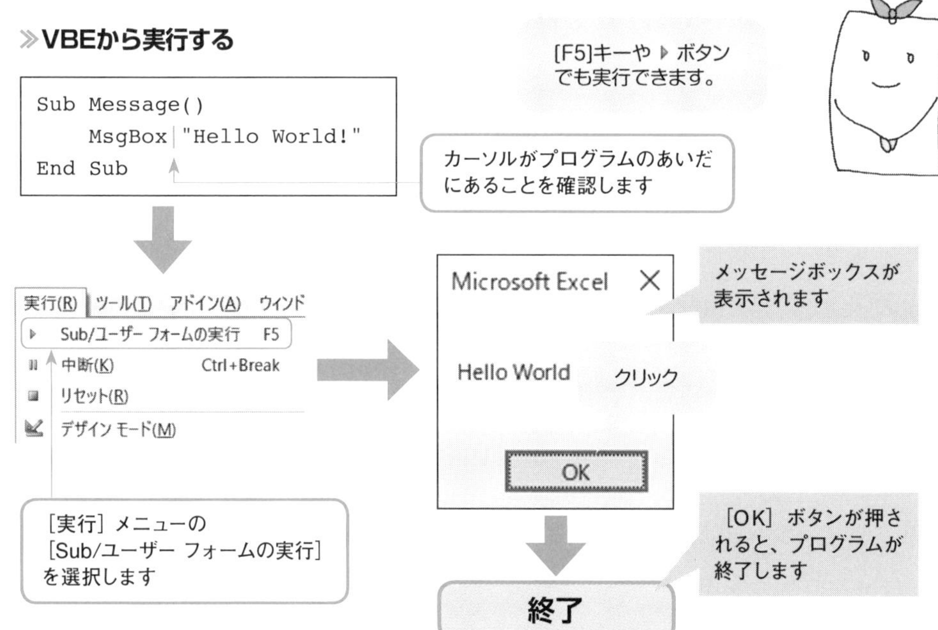
[F5]キーや ▶ ボタンでも実行できます。
Sub Message()
MsgBox "Hello World!"
End Sub
カーソルがプログラムのあいだにあることを確認します
実行(R) ツール(T) アドイン(A) ウィンド
Sub/ユーザー フォームの実行 F5
中断(K) Ctrl+Break
リセット(R)
デザイン モード(M)
［実行］メニューの［Sub/ユーザー フォームの実行］を選択します
Microsoft Excel
Hello World
クリック
OK
メッセージボックスが表示されます
［OK］ボタンが押されると、プログラムが終了します
終了

カーソルがプログラムの外にあると、実行時に下のような［マクロ］ダイアログが表示されることがあります。その場合、実行したいプログラムを選択し、［実行］ボタンをクリックします。

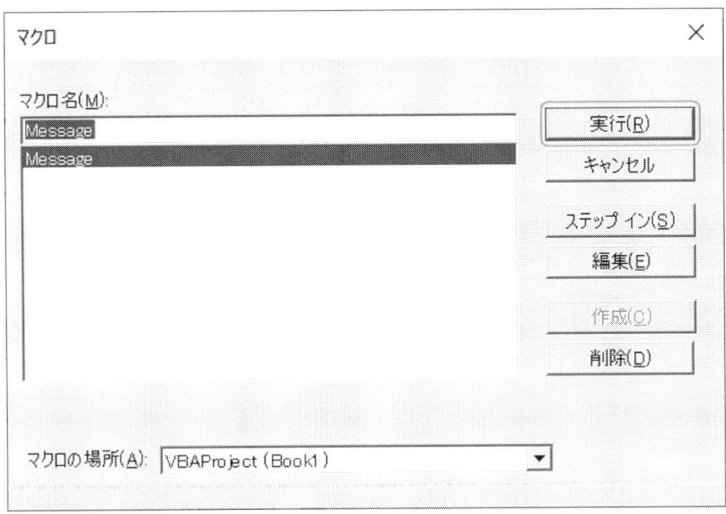
マクロ
マクロ名(M):
Message
Message
実行(R)
キャンセル
ステップ イン(S)
編集(E)
作成(C)
削除(D)
マクロの場所(A):
VBAProject (Book1)

≫Excelの画面から実行する

Excelの画面から実行するには次のようにします。

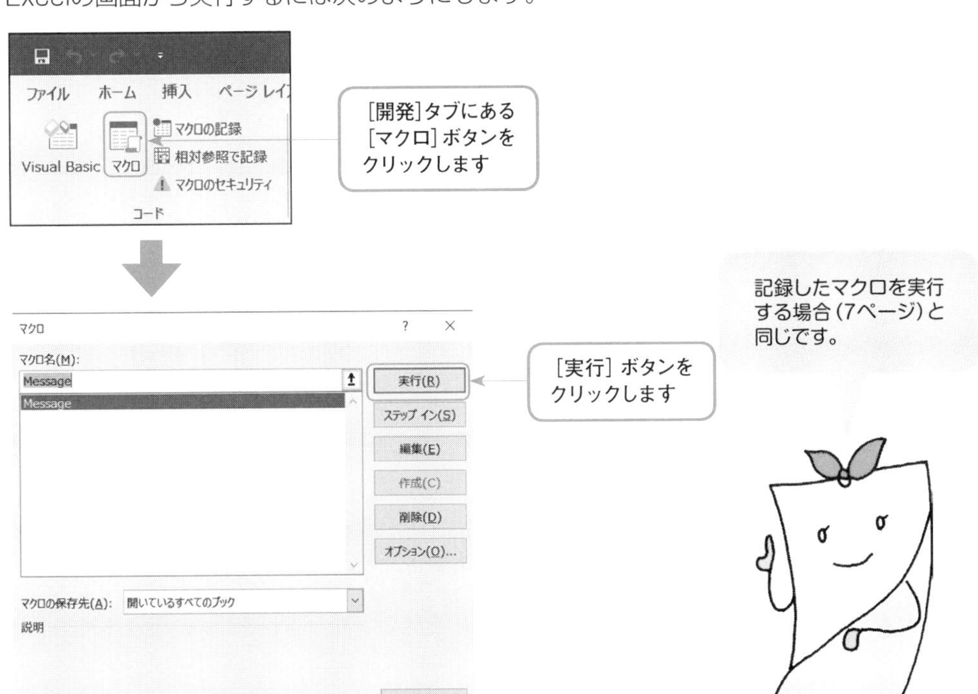
ファイル
ホーム
挿入
ページ レイ
Visual Basic
マクロ
マクロの記録
相対参照で記録
マクロのセキュリティ
コード
[開発]タブにある
[マクロ]ボタンを
クリックします
マクロ
マクロ名(M):
Message
Message
実行(R)
ステップ イン(S)
編集(E)
作成(C)
削除(D)
オプション(O)...
マクロの保存先(A):
開いているすべてのブック
説明
キャンセル
[実行] ボタンを
クリックします
記録したマクロを実行する場合(7ページ)と同じです。

1
マクロ

2
VBAプログラミングの基礎

3
演算子

4
関数とプロシージャ

5
制御文

6
Excelオブジェクトの基礎

7
Excelオブジェクトの実践

8
コントロールとフォーム
9
付録

Hello World!
OK

プログラムの基本構造

プログラムの基本的な書き方について見ていきましょう。

プログラムの基本形

VBAのプログラムの基本形は、次のようになります。

プロシージャ
SubとEnd Subのあいだに記述したコードのかたまりです（詳しくは64ページ参照）

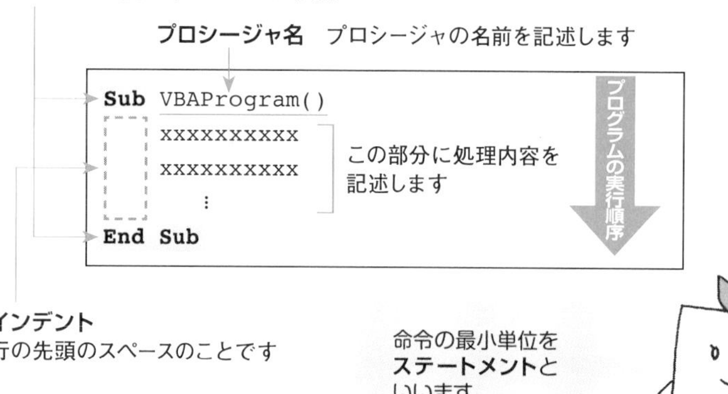
プロシージャ名　プロシージャの名前を記述します
Sub VBAProgram()
xxxxxxxxxx
xxxxxxxxxx
⋮
End Sub
この部分に処理内容を記述します
プログラムの実行順序
インデント
行の先頭のスペースのことです
命令の最小単位をステートメントといいます。

≫インデント

インデントを入れるには、［Tab］キーを押すか、［編集］ツールバー（次ページ参照）を使います。インデントを入れるとプログラムを見やすくできます。

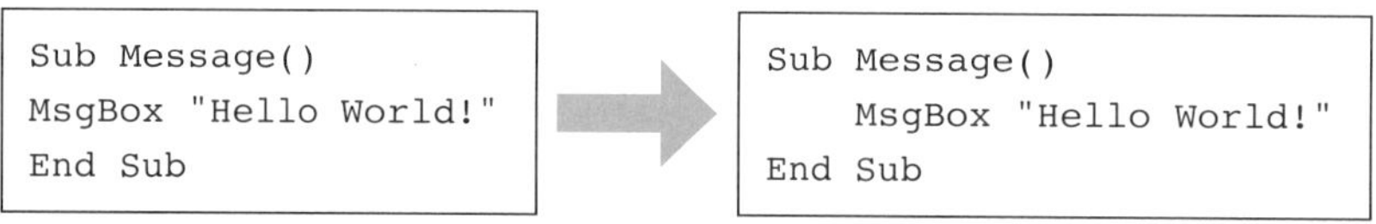
Sub Message()
MsgBox "Hello World!"
End Sub
Sub Message()
    MsgBox "Hello World!"
End Sub

≫コードの改行

VBAのプログラムでは、改行までを1つのステートメントと判断します。

```
MsgBox "Hello World!" ↵
```

ステートメントを次の行に続けたい場合は、改行の前に「 _（半角スペースとアンダーバー）」を記述します。

行継続文字
ステートメントが続くことを表します
MsgBox _
"Hello World!"

≫コメント

プログラム中に記述する説明的な文章を**コメント**といいます。コメントは、「'（シングルクォーテーション）」を使って次のように記述します。

' メッセージボックスを表示します
MsgBox "Hello World!"

コメント
「'」から改行までの記述は
プログラムに反映されません

コメントは、ステートメントの後ろに続けて書くこともできます。

```
MsgBox "Hello World!"    ' メッセージボックスの表示
```

ステートメント　コメント

メッセージボックスは
順番に表示されます。

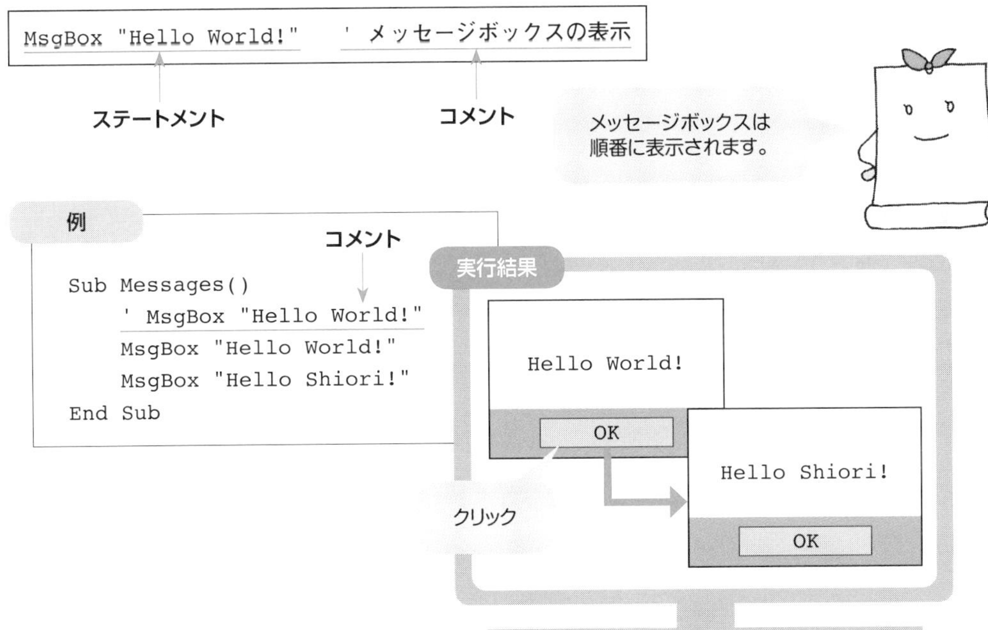
例
コメント
Sub Messages()
' MsgBox "Hello World!"
MsgBox "Hello World!"
MsgBox "Hello Shiori!"
End Sub
実行結果
Hello World!
OK
クリック
Hello Shiori!
OK

VBEの［編集］ツールバーを使うと、コードを簡単に編集できます。表示するには、［表示］メニュー→［ツールバー］→［編集］を選択します。

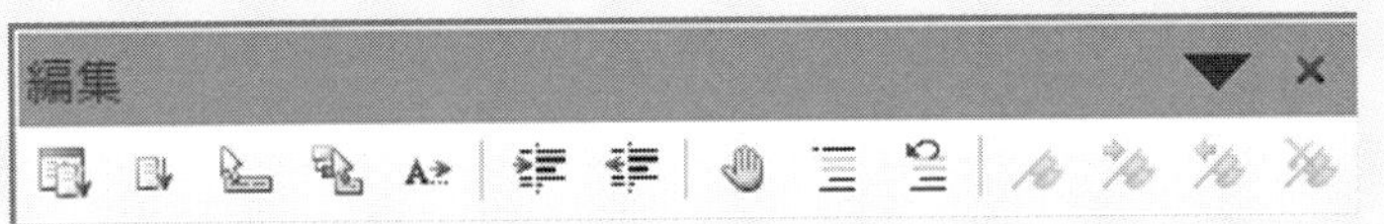
編集

Hello World!
OK

変数の宣言

変数は値を入れておく箱のようなものです。ここでは、変数に値を入れる方法を学びます。

変数の宣言と代入

変数を作成してその中に値を入れるには、次のようにします。

```
Dim a As Integer
```

… 整数(Integer) の値が入る、aという名前の変数を用意します
これを「Integer型の変数aを宣言(せんげん)する」といいます

Dimステートメント

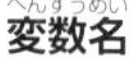

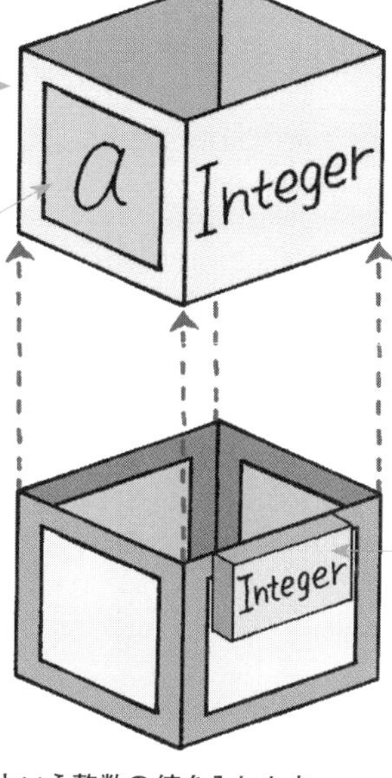
a
Integer
Integer

変数(へんすう)
値を入れるための箱のようなものです

変数名(へんすうめい)
変数名には、英数字、ひらがな、カタカナ、漢字、_（アンダースコア）が使えます。ただし、先頭文字に数字と_は使えません

型(かた)
どんな種類の変数を作るかを指定します

宣言は省略できますが、なるべく宣言するようにしましょう(32ページ参照)。

```
a = 2
```

… 作成した変数aに2という整数の値を入れます
これを「変数aに2を代入(だいにゅう)する」といいます

2
a
Integer

変数の宣言直後に値を代入することを「変数を**初期化**(しょきか)する」といいます。

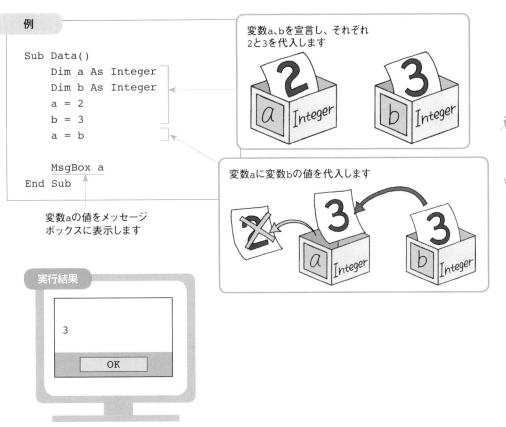

例

```
Sub Data()
    Dim a As Integer
    Dim b As Integer
    a = 2
    b = 3
    a = b

    MsgBox a
End Sub
```

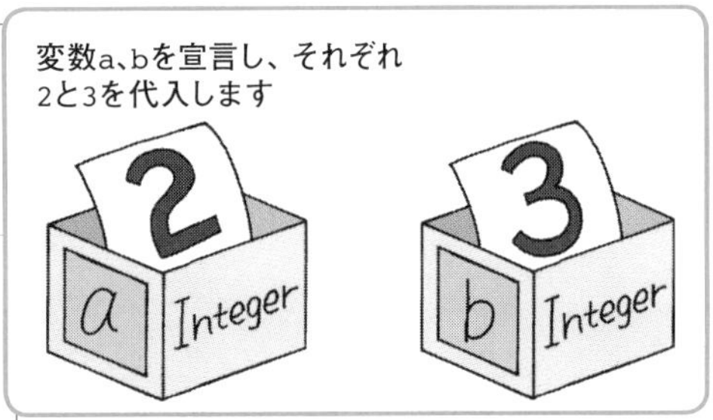

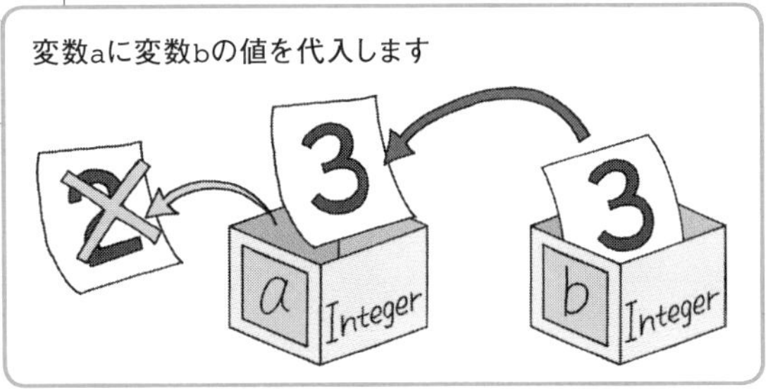

変数a、bを宣言し、それぞれ2と3を代入します

変数aに変数bの値を代入します

変数aの値をメッセージボックスに表示します

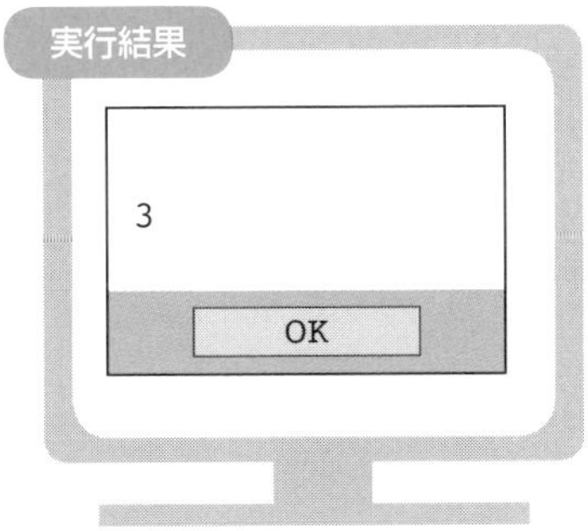

実行結果

3

OK

≫宣言の書き方

複数の変数を、次のようにまとめて宣言することもできます。

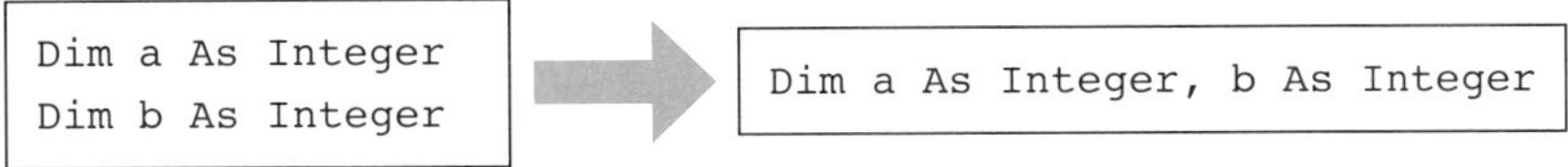

```
Dim a As Integer
Dim b As Integer
```

```
Dim a As Integer, b As Integer
```

すでに宣言している変数と同じ名前の変数を宣言すると、実行時にエラーメッセージが表示されます。

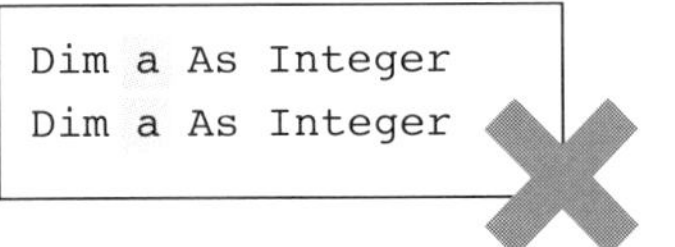

```
Dim a As Integer
Dim a As Integer
```

スコープ（72ページ参照）が違えば、同じ名前でもOKです。

Hello World!
OK

変数とデータ型

変数には、入れる値に応じたデータ型を指定します。

数値を入れるためのデータ型

数値を入れるためのデータ型には、次のようなものがあります。

データ型	データ型名（読み方）	入る値の範囲
バイト型	Byte（バイト）	0～255
整数型	Integer（インテジャー）	-32768～32767
長整数型	Long（ロング）	-2147483648～2147483647
単精度浮動小数点数型	Single（シングル）	$\pm3.4\times10^{38}$～$\pm1.4\times10^{-45}$
倍精度浮動小数点数型	Double（ダブル）	$\pm1.8\times10^{308}$～$\pm4.9\times10^{-324}$

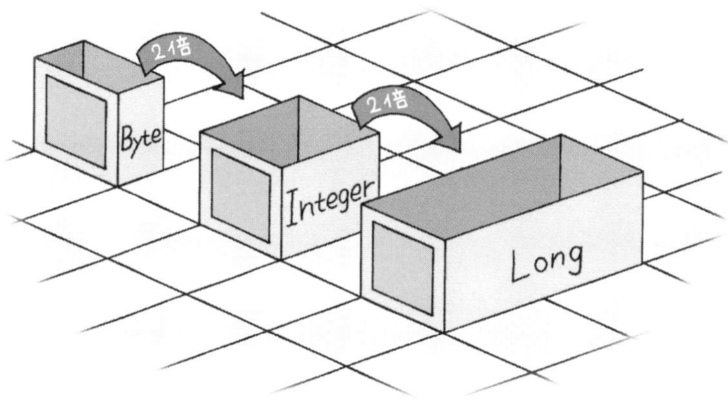
2倍
2倍
Byte
Integer
Long

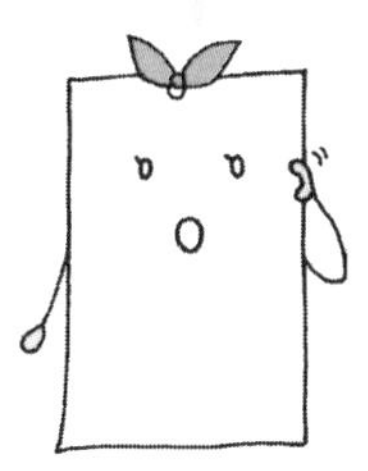
型によってメモリを
使う量は異なります。

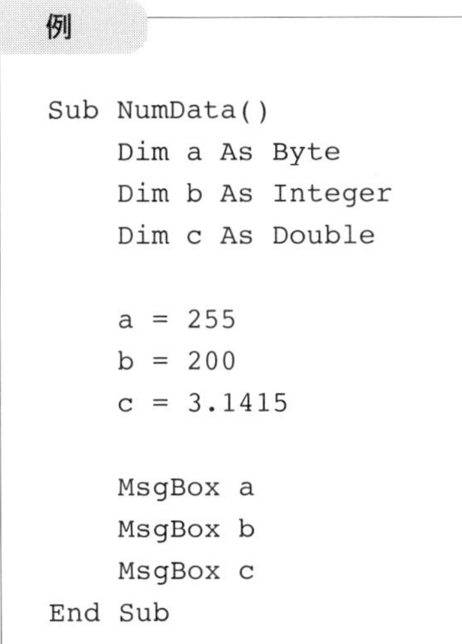

例

```
Sub NumData()
    Dim a As Byte
    Dim b As Integer
    Dim c As Double

    a = 255
    b = 200
    c = 3.1415

    MsgBox a
    MsgBox b
    MsgBox c
End Sub
```

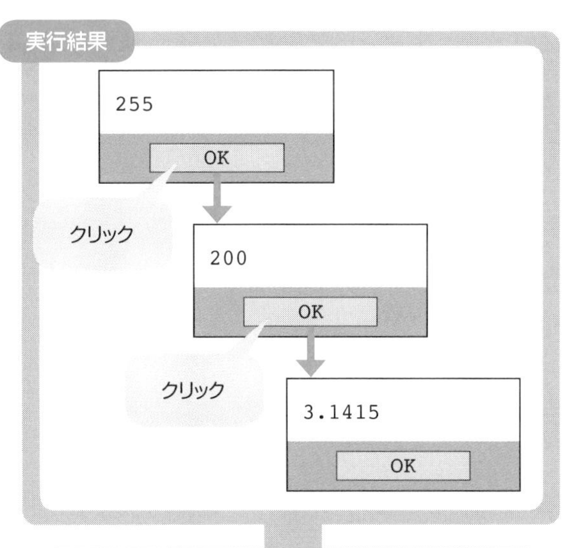

実行結果
255
OK
クリック
200
OK
クリック
3.1415
OK

論理型

論理型（Boolean）は、真（True）または偽（False）のどちらかの値を持つデータ型です。

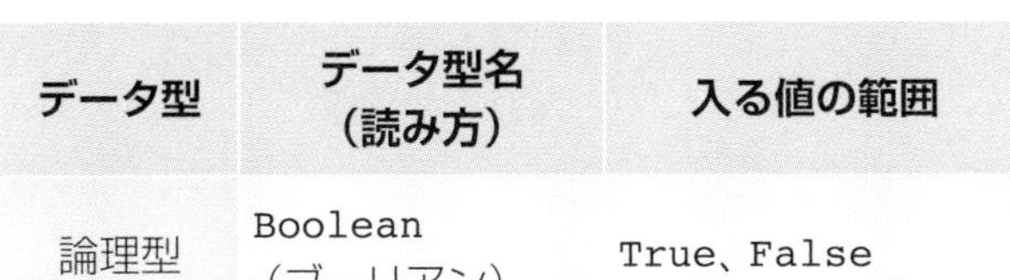

データ型	データ型名（読み方）	入る値の範囲
論理型	Boolean（ブーリアン）	True、False

True
a
Boolean

False
b
Boolean

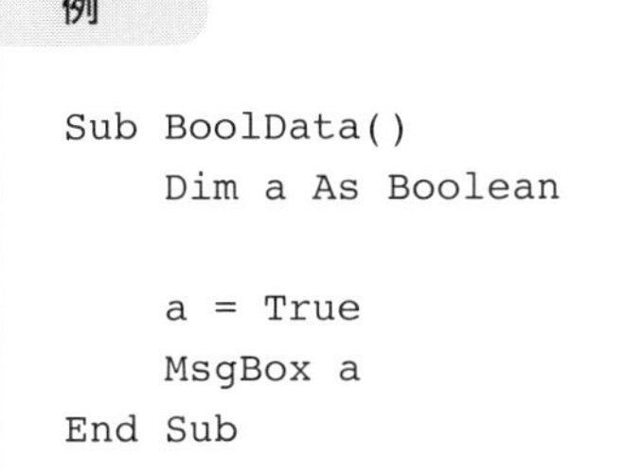

例

```
Sub BoolData()
    Dim a As Boolean

    a = True
    MsgBox a
End Sub
```

実行結果
True
OK

Hello World!
OK

文字列と定数

文字列を扱うデータ型と、定数について見ていきましょう。

文字列型

VBAでは、「"（ダブルクォーテーション）」ではさんだ文字の並びのことを**文字列**といいます。文字列は、**String**というデータ型に格納します。

データ型	データ型名（読み方）
文字列型	String（ストリング）

例

```
Sub StringSample()
    Dim fruit As String
    fruit = "りんご"
    MsgBox fruit
End Sub
```

文字列を変数に代入します

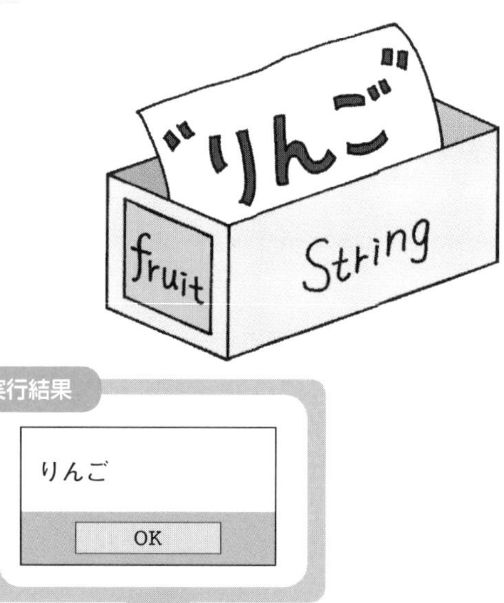
"りんご"
fruit
String
実行結果
りんご
OK

その他のデータ型

データ型には、次のようなものもあります。

データ型	データ型名（読み方）	入る値の範囲
日付型	Date（デイト）	西暦100年1月1日～西暦9999年12月31日
オブジェクト型	Object（オブジェクト）	オブジェクトの参照

定数

定数は、値に名前を付けたものです。定数は**Const**（コンスト）を使って次のように定義します。

Constステートメント
Const PI As Double = 3.14
定数名
データ型
値
定数は値を変更できない
箱のようなものです。
const
3.14
PI
Double

定数には再度値を代入することはできません。

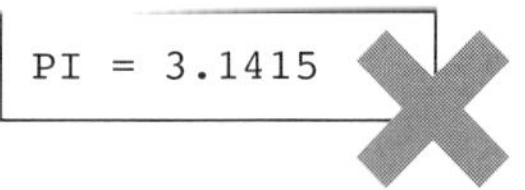
PI = 3.1415

特殊な動作を表す文字列定数

文字列には、特殊な動作を表すものがあります。VBAには、次のような文字列の定数が用意されています。

定数	働き
vbCr	改行（CR）
vbTab	タブ（TAB）
vbBack	バックスペース（BS）
vbNullChar	NULL 文字（文字なし）

例

```
Sub NullString()
    Dim str As String
    str = vbNullChar
    MsgBox str
End Sub
```

実行結果
OK

何も表示されません

Hello World!
OK

バリアント型

バリアント型は、汎用的に使える変数型です。

バリアント型

VBAでは、宣言していない変数を使用したり、データ型を省略して変数を宣言することができます。このような場合、変数は**バリアント型**（**Variant**）になります。

データ型	データ型名（読み方）
バリアント型	Variant（バリアント）

バリアント型は、どの型としても使うことができるデータ型です。

う
6
0.5
Variant

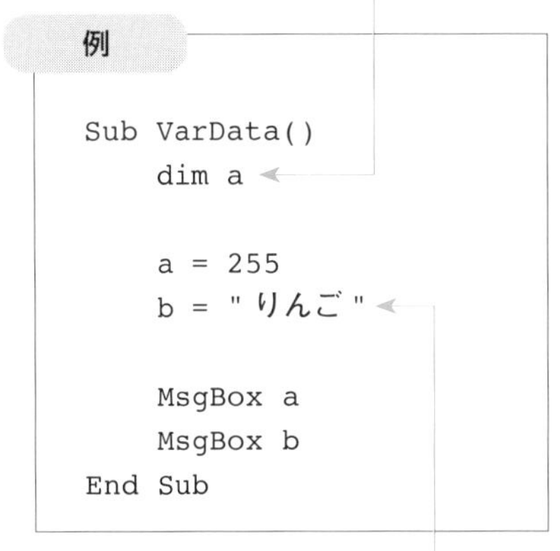
データ型を省略しています
例
宣言していない変数です

```
Sub VarData()
    dim a

    a = 255
    b = "りんご"

    MsgBox a
    MsgBox b
End Sub
```

実行結果

255
OK
クリック
りんご
OK

≫バリアント型のデメリット

バリアント型は便利なように思えますが、下記のようなデメリットもあります。変数は、なるべくバリアント型以外のデータ型で宣言してから、使用したほうがいいでしょう。

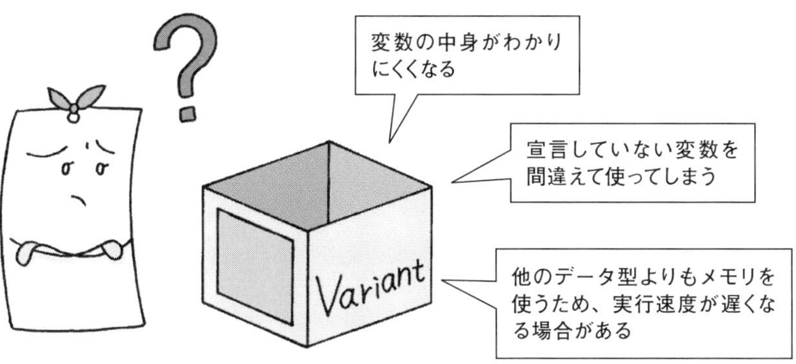
変数の中身がわかりにくくなる
宣言していない変数を間違えて使ってしまう
Variant
他のデータ型よりもメモリを使うため、実行速度が遅くなる場合がある

変数の宣言を強制する

モジュールの先頭に次のように記述すると、宣言していない変数を使用できないようにできます。

```
Option Explicit
```

宣言していない変数を使おうとすると、実行時にコンパイルエラーのメッセージが表示されます。

また、VBEの［ツール］-［オプション］で開くオプションダイアログの［編集］タブで、「変数の宣言を強制する」にチェックを付けておくと、モジュールを追加したときに「Option Explicit」がモジュールの先頭に自動的に記述されます。

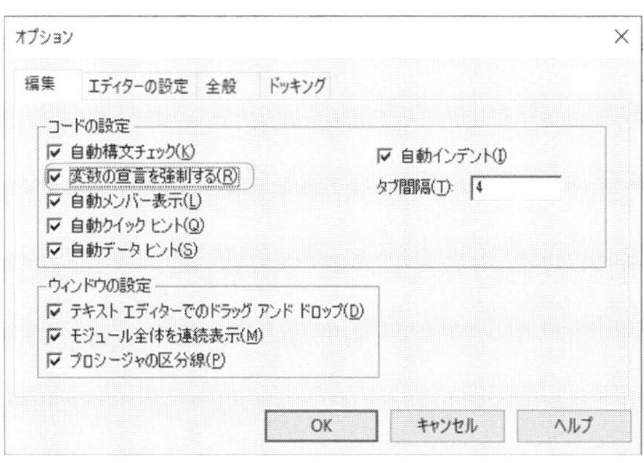
オプション
編集
エディターの設定
全般
ドッキング
コードの設定
自動構文チェック(K)
変数の宣言を強制する(R)
自動メンバー表示(L)
自動クイック ヒント(Q)
自動データ ヒント(S)
自動インデント(I)
タブ間隔(T):
4
ウィンドウの設定
テキスト エディターでのドラッグ アンド ドロップ(D)
モジュール全体を連続表示(M)
プロシージャの区分線(P)
OK
キャンセル
ヘルプ

Hello World!
OK

配列(1)

同じデータ型のデータは配列としてまとめて扱うことができます。

配列の考え方

配列は複数の同じデータ型の変数を1つにまとめたものです。大量のデータを扱うときや複数のデータを次々と自動的に読み出したいときは配列を使うと便利です。
配列の宣言は、次のように行います。

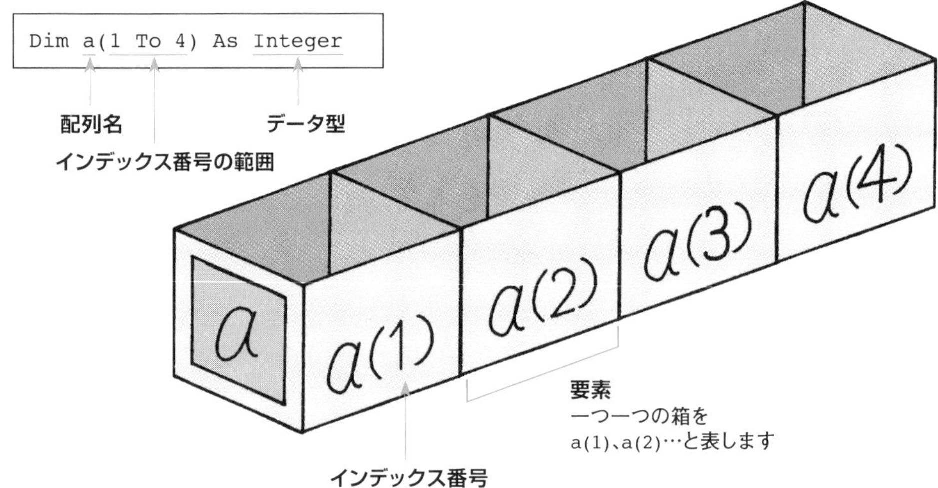
Dim a(1 To 4) As Integer
配列名
データ型
インデックス番号の範囲
a
a(1)
a(2)
a(3)
a(4)
要素
一つ一つの箱を
a(1)、a(2)…と表します
インデックス番号

次のように宣言することもできます。

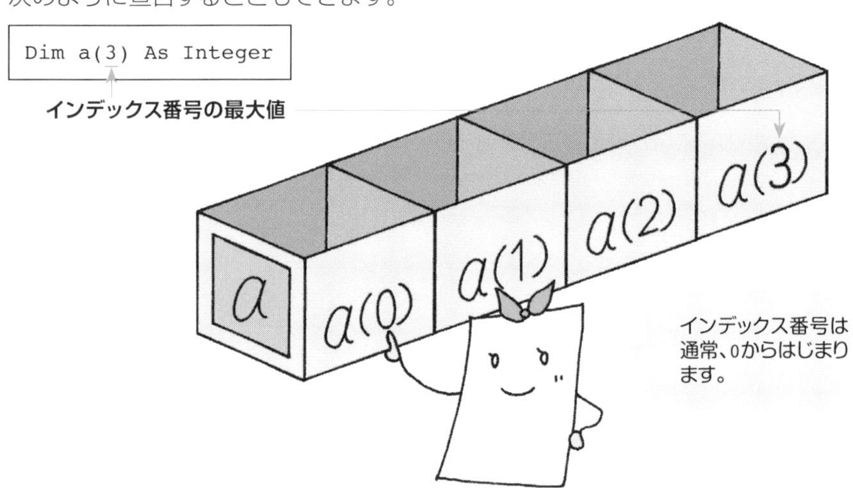
Dim a(3) As Integer
インデックス番号の最大値
a
a(0)
a(1)
a(2)
a(3)
インデックス番号は
通常、0からはじまり
ます。

配列要素の参照と代入

配列の要素一つ一つは、普通の変数のように参照と代入ができます。

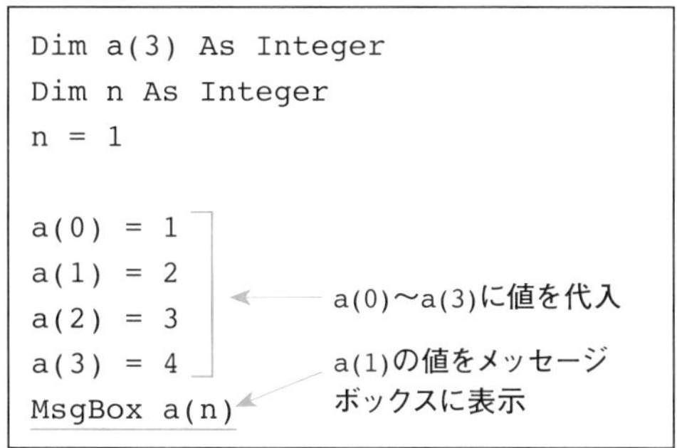

```
Dim a(3) As Integer
Dim n As Integer
n = 1

a(0) = 1
a(1) = 2
a(2) = 3
a(3) = 4
MsgBox a(n)
```


a(0)～a(3)に値を代入
a(1)の値をメッセージボックスに表示

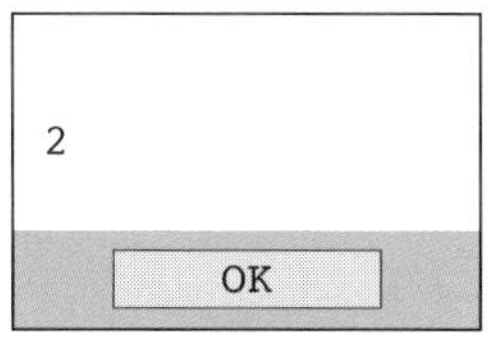

2
OK

配列で、存在しないインデックス番号を指定すると、実行時にエラーになるので注意してください。

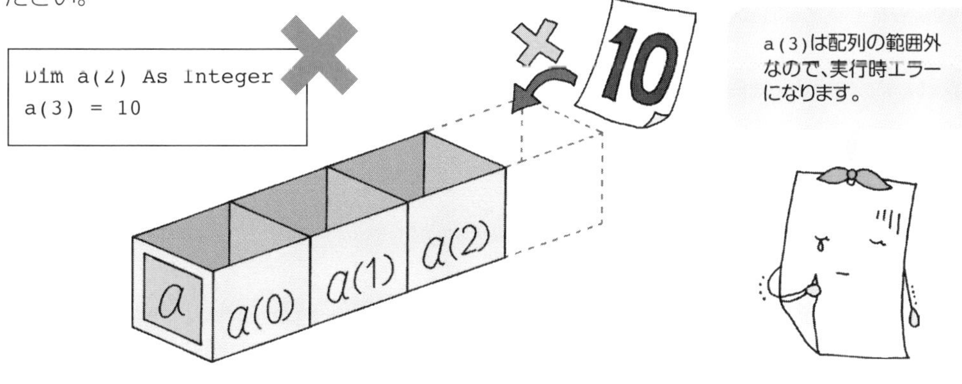

Dim a(2) As Integer
a(3) = 10
10
a(3)は配列の範囲外なので、実行時エラーになります。
a
a(0)
a(1)
a(2)

例

```
Sub NumberArray()
    Dim a(2) As Integer
    Dim i As Integer
    i = 0
    a(0) = 0
    a(1) = 1
    a(2) = 2
    MsgBox a(i)
    i = i + 1
    MsgBox a(i)
    i = i + 1
    MsgBox a(i)
End Sub
```

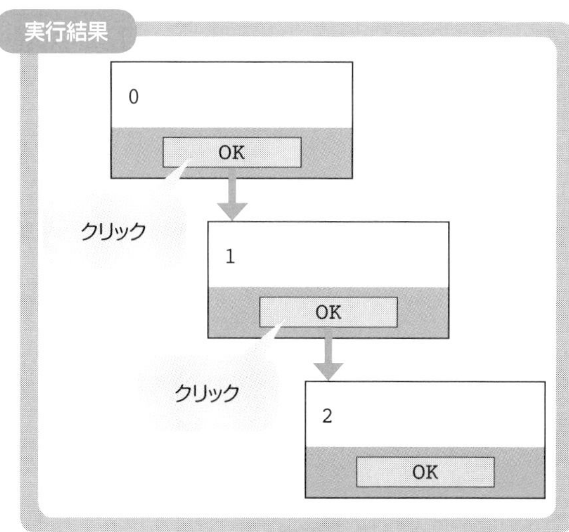

実行結果
0
OK
クリック
1
OK
クリック
2
OK

Hello World!
OK

配列(2)

2次元配列や配列の要素数の扱いを見ておきましょう。

2次元配列

前項の配列は、要素数に応じて横に伸びていく1次元のイメージでしたが、ここでは2次元のイメージを考えてみます。これを**2次元配列**といい、次のように宣言します。

y(行)方向のインデックス番号の範囲

配列名　x(列)方向のインデックス番号の範囲

```
Dim a(0 To 1, 0 To 3) As Integer
```

または

```
Dim a(1, 3) As Integer
```

x(列)方向の
インデックス番号の最大値

y(行)方向の
インデックス番号の最大値

a(1,0)　a(1,1)　a(1,2)　a(1,3)
a(1,3)　a(0,0)　a(0,1)　a(0,2)　a(0,3)
2　y　x　4

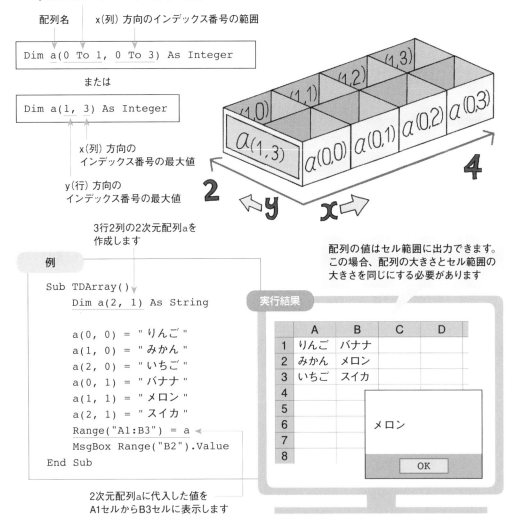

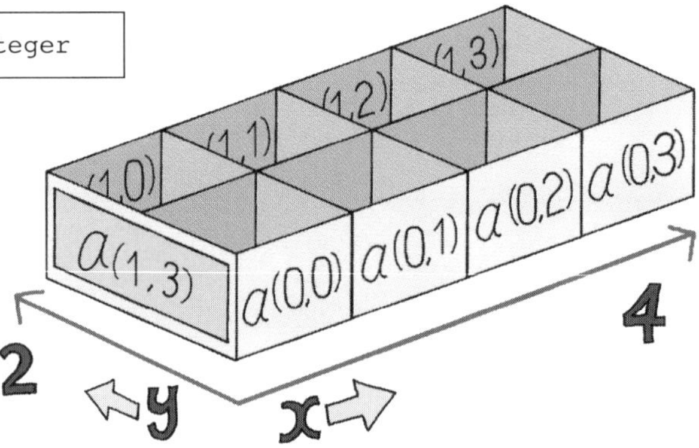

3行2列の2次元配列aを
作成します

例

```
Sub TDArray()
    Dim a(2, 1) As String

    a(0, 0) = "りんご"
    a(1, 0) = "みかん"
    a(2, 0) = "いちご"
    a(0, 1) = "バナナ"
    a(1, 1) = "メロン"
    a(2, 1) = "スイカ"
    Range("A1:B3") = a
    MsgBox Range("B2").Value
End Sub
```

2次元配列aに代入した値を
A1セルからB3セルに表示します

配列の値はセル範囲に出力できます。
この場合、配列の大きさとセル範囲の
大きさを同じにする必要があります

実行結果

	A	B	C	D
1	りんご	バナナ		
2	みかん	メロン		
3	いちご	スイカ		
4				
5				
6				
7				
8				

メロン
OK

配列の要素数を求める

UBound関数（ユーバウンド）を使うと、各次元の配列のインデックス番号の最大値を取得できます。そのため配列の要素数を知ることができます。

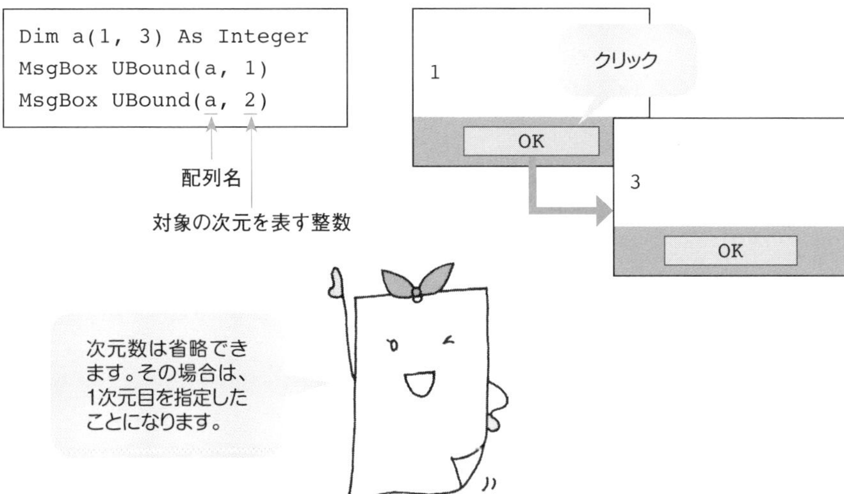

Dim a(1, 3) As Integer
MsgBox UBound(a, 1)
MsgBox UBound(a, 2)
配列名
対象の次元を表す整数
1
クリック
OK
3
OK
次元数は省略できます。その場合は、1次元目を指定したことになります。

配列の要素数を変更する

配列の要素数を途中で変更するには、**ReDim**（リディム）ステートメントを使います。

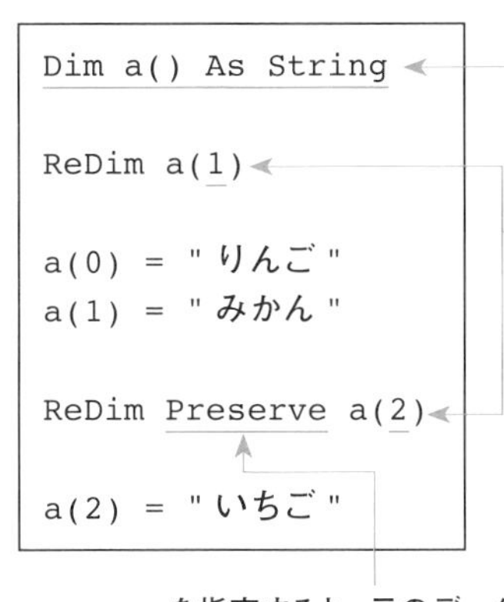

Dim a() As String
ReDim a(1)
a(0) = " りんご "
a(1) = " みかん "
ReDim Preserve a(2)
a(2) = " いちご "
配列aを宣言します。この時点では要素数は決まっていません
要素のインデックス番号の最大値を指定します
Preserveを指定すると、元のデータを保持したまま要素数を変更できます

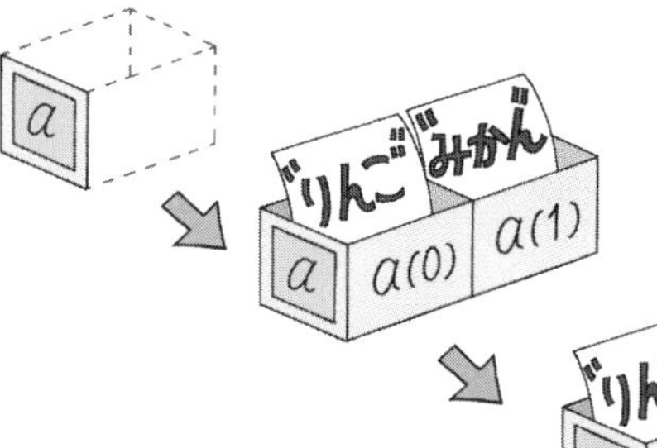

a
りんご
みかん
a(0)
a(1)
いちご
a(2)

1
マクロ

2
VBAプログラミングの基礎

3
演算子

4
関数とプロシージャ

5
制御文

6
Excelオブジェクトの基礎

7
Excelオブジェクトの実践

8
コントロールとフォーム

9
付録

Hello World!
OK

コレクション(1)

関連するデータや処理を、コレクションとしてまとめて管理することができます。

コレクションとは

コレクションとは、いくつかの関連するデータを１つにまとめて管理する、配列のようなものです。

コレクションの作成

空のコレクションを作成するには次のように記述します。

```
Dim mycol As New Collection
```

コレクション名

コレクションは配列と似ています。

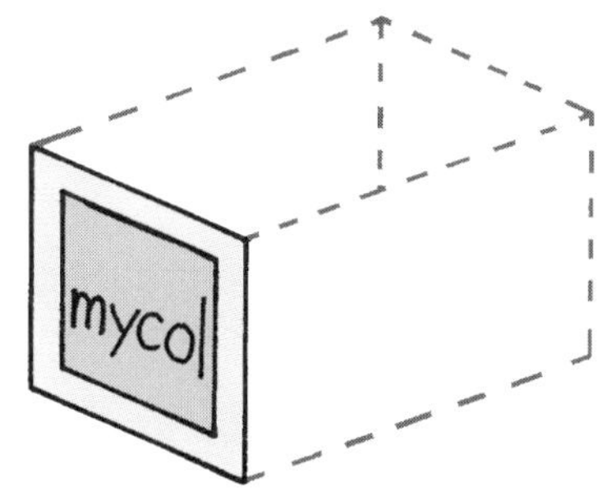
mycol

コレクション要素の追加

コレクションに要素を追加するには、**Add**を使います。

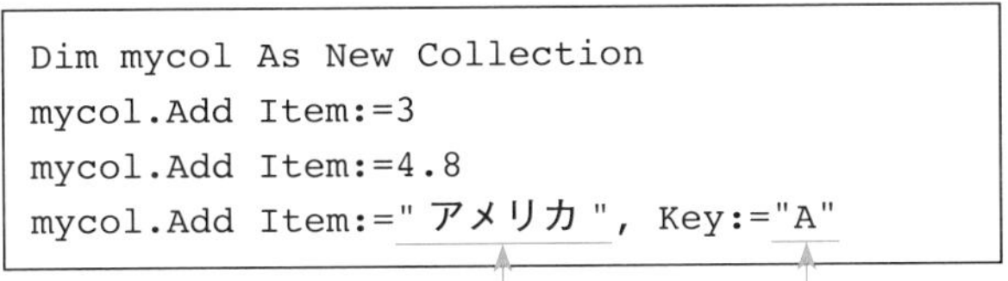

```
Dim mycol As New Collection
mycol.Add Item:=3
mycol.Add Item:=4.8
mycol.Add Item:=" アメリカ ", Key:="A"
```

追加する要素

要素のキー(省略可)
インデックス番号の代わりに使える文字列です

3
4.8
アメリカ
mycol
1
2
3
"A"
要素は順番に
追加されます。
配列と違ってインデックスは
1からはじまります。

指定した位置に要素を追加するには、**before**または**after**を使い、インデックスかキーで挿入位置を指定します。

```
mycol.Add Item:=" しおり ", Key:="C", before:="A"
```

指定したキーの前に
要素を挿入します

または

```
mycol.Add Item:=" しおり ", Key:="C", after:=2
```

指定したインデックスのあと
に要素を挿入します

3
4.8
アメリカ
mycol
1
2
3 → 4
"A"
しおり
3
"C"
インデックス番号が
ずれます。

beforeとafterを同時に指定
することはできません。

Hello World!
OK

コレクション(2)

引き続きコレクションをどのように利用するかを紹介します。

コレクション要素の取得

コレクションの**Item**（アイテム）プロパティにインデックスまたはキーを指定して、特定の要素を取得できます。

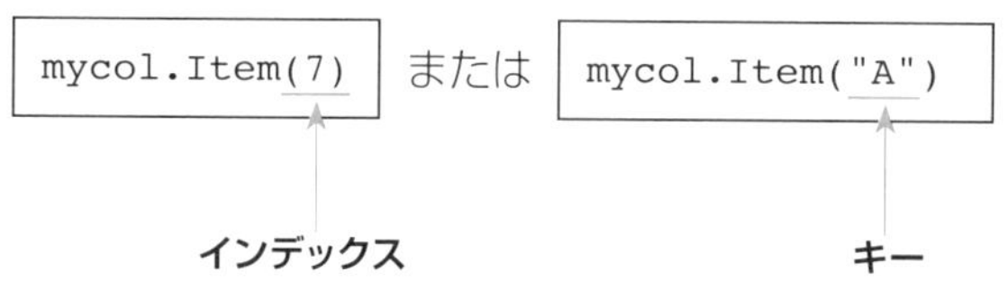
mycol.Item(7)
または
mycol.Item("A")
インデックス
キー

Itemを省略し、次のように記述することもできます。

`mycol(7)` または `mycol("A")`

コレクション要素の削除

コレクションの**Remove**（リムーブ）プロパティにインデックスまたはキーを指定して、特定の要素を削除できます。

`mycol.Remove(7)` または `mycol.Remove("A")`

インデックス　　キー

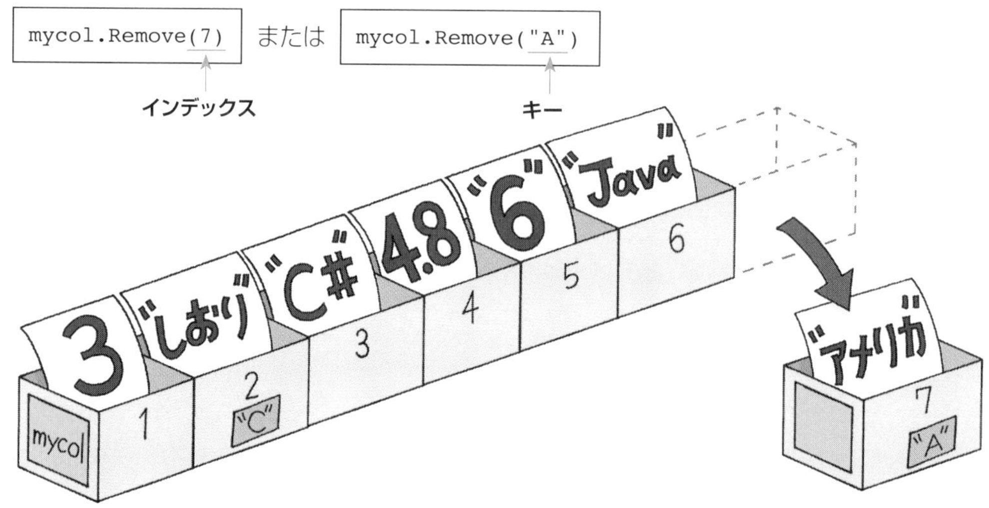
3
"しおり"
"C#"
4.8
"6"
"Java"
"アメリカ"
mycol
1
2
"C"
3
4
5
6
7
"A"

コレクション要素数を求める

コレクションの要素数を求めるには、**Count**（カウント）プロパティを使います。

```
Dim mycol As New Collection
mycol.Add Item:=2
mycol.Add Item:=5
Dim n as Integer = mycol.Count
```

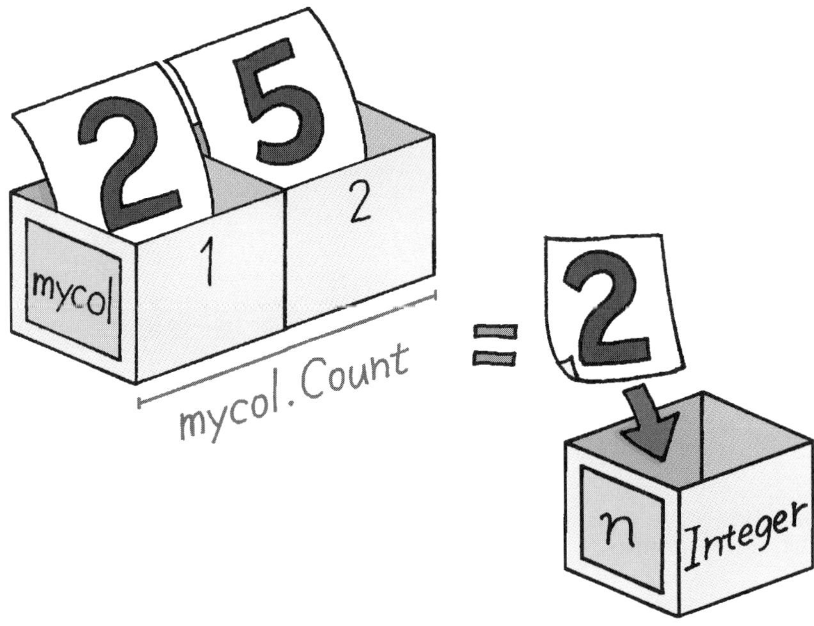
2
5
2
1
mycol
mycol.Count
=
2
n
Integer

コレクションの要素の数は
正の整数となります。

COLUMN

～標準モジュールの解放～

プロジェクトからモジュールを削除することを「モジュールの解放」といいます。21ページで作成した「Module1」を解放するには、次のようにします。

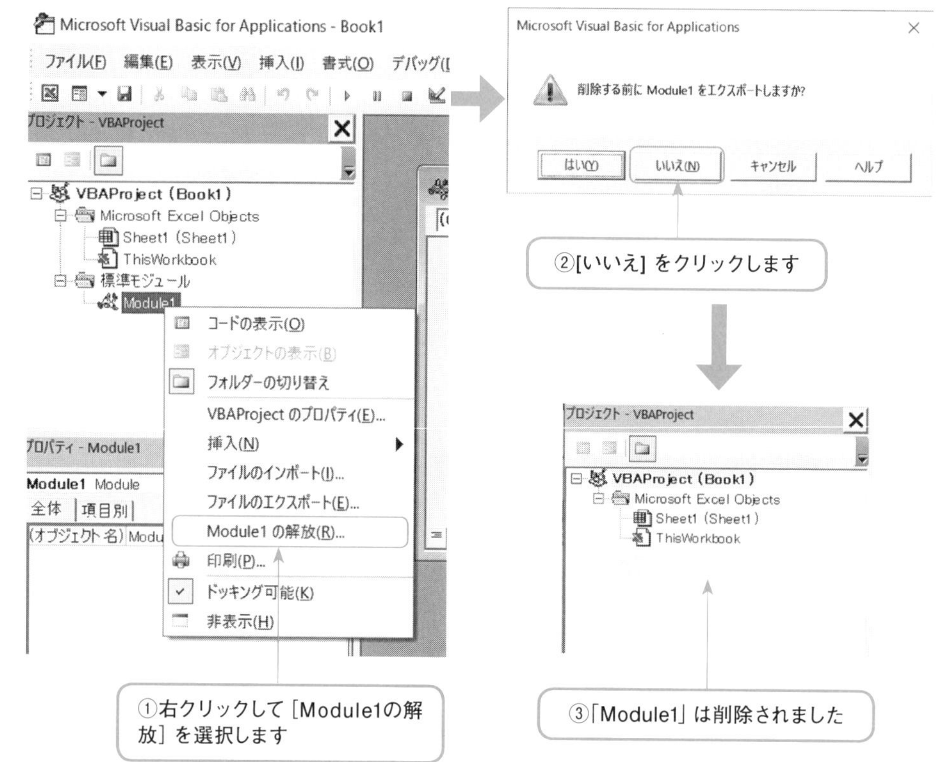

Microsoft Visual Basic for Applications - Book1
ファイル(F) 編集(E) 表示(V) 挿入(I) 書式(O) デバッグ(
プロジェクト - VBAProject
VBAProject (Book1)
Microsoft Excel Objects
Sheet1 (Sheet1)
ThisWorkbook
標準モジュール
Module1
コードの表示(O)
オブジェクトの表示(B)
フォルダーの切り替え
VBAProject のプロパティ(E)...
挿入(N)
ファイルのインポート(I)...
ファイルのエクスポート(E)...
Module1 の解放(R)...
印刷(P)...
ドッキング可能(K)
非表示(H)
プロパティ - Module1
Module1 Module
全体 項目別
(オブジェクト名) Modu
①右クリックして［Module1の解放］を選択します
Microsoft Visual Basic for Applications
削除する前に Module1 をエクスポートしますか?
はい(Y)
いいえ(N)
キャンセル
ヘルプ
②[いいえ] をクリックします
プロジェクト - VBAProject
VBAProject (Book1)
Microsoft Excel Objects
Sheet1 (Sheet1)
ThisWorkbook
③「Module1」は削除されました

モジュールを解放（削除）すると、そのモジュール内のコードも削除されますので注意してください。

コードを残したい場合は、②で［はい］をクリックします。表示されたダイアログボックスで保存先を指定し、[OK] をクリックすると、コードがテキスト形式（拡張子は「*.bas」）で保存されます。保存したファイルは、あとでインポートすることができます。

3

演算子

第3章は
ここがKey

コンピュータが計算機代わりに！

この第3章では**演算子**について学びます。演算子とは要するに、計算で使う「+」や「−」記号のことです。ただし、コンピュータのキーボードに「÷」がないことでもわかるように、数学で使う演算子とはちょっと書き方が違うものがあります。また、コンピュータの計算は、算術計算だけではありません。

5631-45
は？
5586!

まず紹介するのが、数値計算を行うときに使う演算子です。ここでは算数の教科書で見たことのある、おなじみの記号が登場します。たとえば、コンピュータに足し算をしてもらいたいときに使う「+（プラス）」や引き算をしてほしいときに使う「−（マイナス）」、これらも立派な演算子です。他にも掛け算や割り算、変わったところでは割り算の余りを出す演算子なんていうものもあります。

演算子は、計算をするものばかりではありません。VBAにはコンピュータならではのさまざまな働きをする演算子がたくさんあります。いくつかの文字を連結するときに使う**文字列連結演算子**、値を調べるときに使う**比較演算子**、条件判断のときに使う**論理演算子**などがそれです。

演算子には優先順位がある

こうした演算子には優先順位というものがあり、1つの式の中にいくつも演算子があった場合にどの部分から計算をしていくか、一定の決まりもあります。

慣れないとピンとこないかもしれませんが、コンピュータにきちんと計算をさせる上で大変重要な決まりごとです。一つ一つきちんと理解してから読み進めていきましょう。

計算の演算子

計算に用いる＋や-などのことを演算子といいます。演算子を使って実際に計算してみましょう。

数の計算で使う演算子

VBAで数の計算に用いる**演算子**(えんざんし)には、次のものがあります。

演算子	働き	使い方	意味
+（プラス）	＋（足す）	`a = b + c`	bとcを足した値をaに代入
-（マイナス）	−（引く）	`a = b - c`	bからcを引いた値をaに代入
*（アスタリスク）	×（かける）	`a = b * c`	bとcをかけた値をaに代入
^（サーカムフレックス）	（べき乗）	`a = b ^ c`	bのc乗をaに代入
/（スラッシュ）	÷（割る）	`a = b / c`	bをcで割った値（浮動小数点数）をaに代入 （cが0のときは実行時エラー）
¥（エン）	÷（割る）	`a = b ¥ c`	bをcで割った値（整数値）をaに代入 （cが0のときは実行時エラー）
Mod（モッド）	…（余り）	`a = b Mod c`	bをcで割った余りをaに代入 （b、cは整数部分のみ有効で、 cが0のときは実行時エラー）
=（イコール）	＝（代入）	`a = b`	bの値をaに代入

例

```
Sub Calc_1()
    MsgBox 5 + 5
    MsgBox 5 - 5
End Sub
```

実行結果

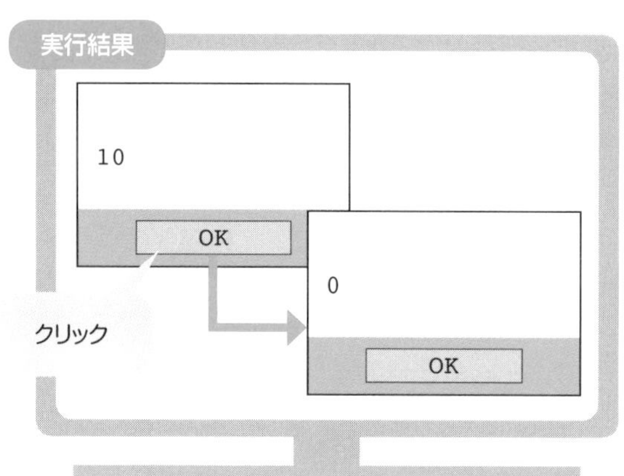
10
OK
クリック
0
OK

例

```
Sub Calc_2()
    MsgBox 5 * 2
    MsgBox 5 ^ 2
End Sub
```

実行結果

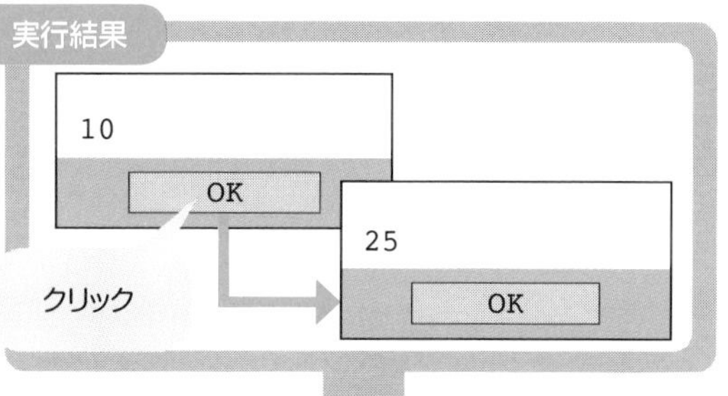

10
OK
25
OK
クリック

例

```
Sub Calc_3()
    MsgBox 5 / 2
    MsgBox 5 ¥ 2
    MsgBox 5 Mod 2
End Sub
```

実行結果

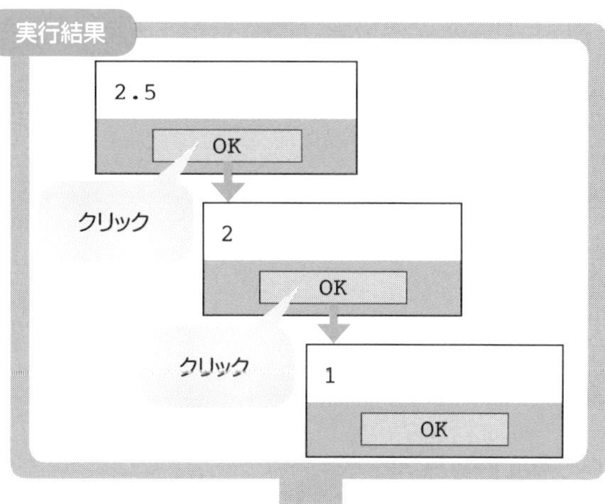

2.5
OK
クリック
2
OK
クリック
1
OK

代入演算子

変数に値を代入する演算子「=」では左辺を変数、右辺を値と見なします。よって、整数型の変数aそのものの値を2増やしたいときは次のように書きます。

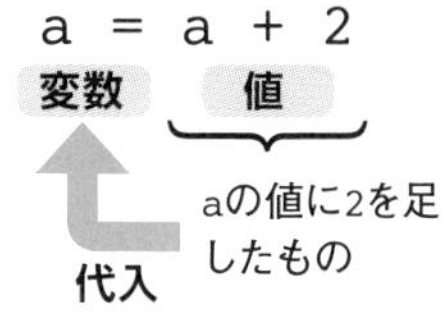

a = a + 2
変数
値
aの値に2を足したもの
代入

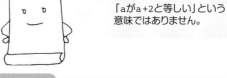

「aがa+2と等しい」という意味ではありません。

例

```
Sub Add10()
    Dim a As Integer
    a = 90
    MsgBox a
    a = a + 10
    MsgBox a
End Sub
```

実行結果

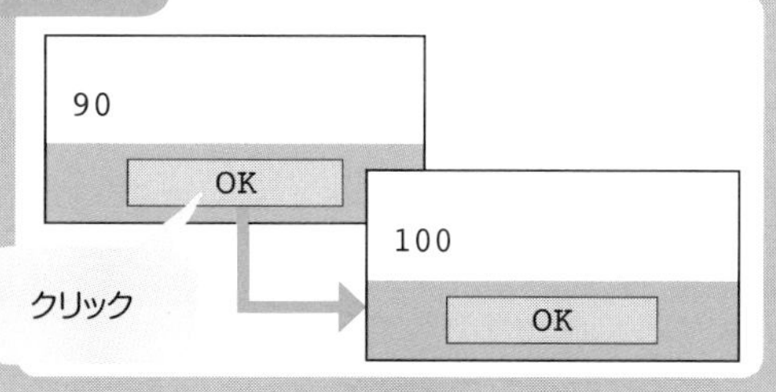

90
OK
100
OK
クリック

文字列連結演算子

複数の文字列を連結するときには文字列演算子を使います。

文字列連結演算子とは?

いくつかの文字列を連結して1つの文字列にするための演算子を、**文字列連結演算子**といいます。VBAでは、主に「&」が使われます。

```
Dim str As String
str = "こん" & "にちは"
str = str & vbCr & "元気？"
MsgBox str
```

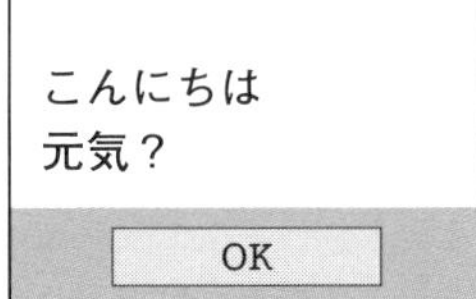
こんにちは
元気？
OK

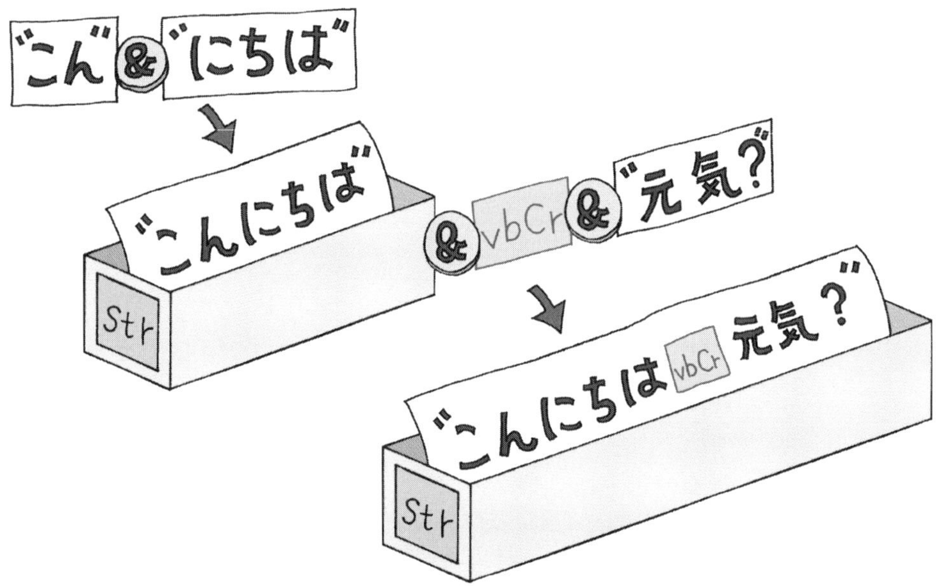
"こん"
&
"にちは"
"こんにちは"
Str
&
vbCr
&
"元気?"
"こんにちは vbCr 元気？"
Str

下のように「+」を使って文字列を連結することもできますが、算術演算子の + とまぎらわしいので、&を使うことをおすすめします。

```
MsgBox "こん" + "にちは"
```

≫数値と文字列の連結

「&」では、数値と文字列を連結することもできます。

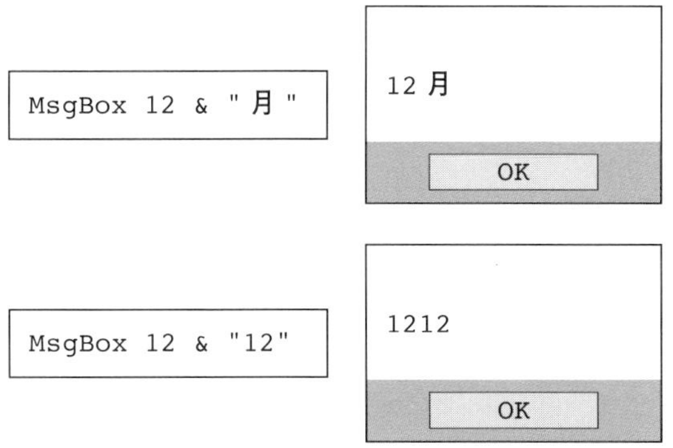

MsgBox 12 & "月"
12月
OK
MsgBox 12 & "12"
1212
OK

数値と文字列の演算に「+」を使うと、実行時エラーになります。

MsgBox 12 + "月"
足し算か文字列連結か
判断できません。

数値と、数字のみからなる文字列の演算に「+」を使うと、文字列は数値として扱われます。

```
MsgBox 12 + "12"
```

24

OK

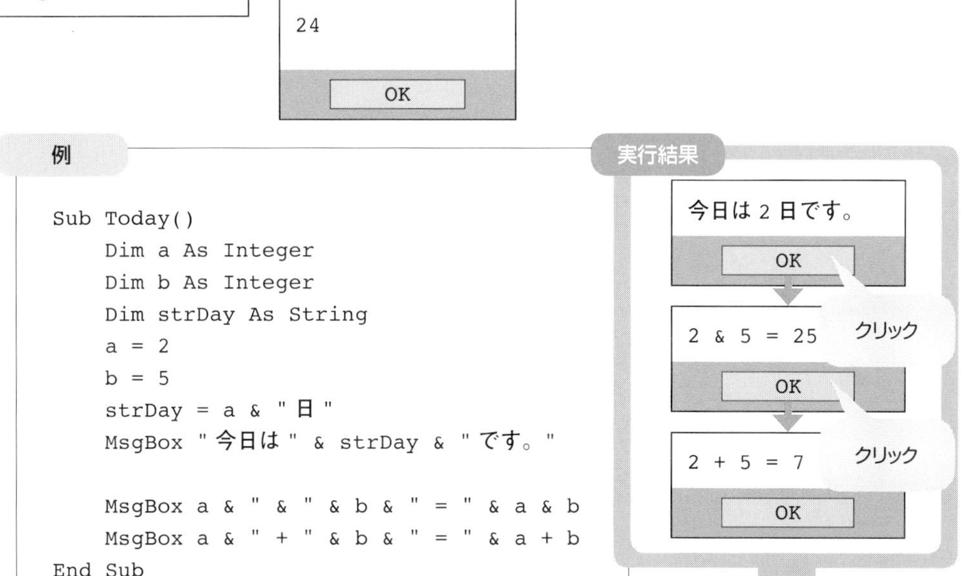

例

```
Sub Today()
    Dim a As Integer
    Dim b As Integer
    Dim strDay As String
    a = 2
    b = 5
    strDay = a & "日"
    MsgBox "今日は" & strDay & "です。"

    MsgBox a & " & " & b & " = " & a & b
    MsgBox a & " + " & b & " = " & a + b
End Sub
```


実行結果
今日は2日です。
OK
クリック
2 & 5 = 25
OK
クリック
2 + 5 = 7
OK

1
マクロ

2
VBAプログラミングの基礎

3
演算子

4
関数とプロシージャ

5
制御文

6
Excelオブジェクトの基礎

7
Excelオブジェクトの実践

8
コントロールとフォーム
9
付録

比較演算子

条件式を作るときに使う比較演算子を見ていきましょう。

比較演算子とは？

VBAでは変数の値や数値を比較して、条件式を作り、その結果によって処理を変えることができます。このとき、比較に使う演算子を、**比較演算子**といいます。
条件が成立した場合を「**真**（**True**）」、成立しない場合を「**偽**（**False**）」といいます。

条件
値
比較演算子
値

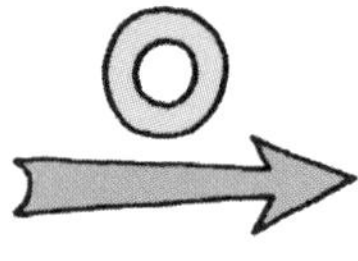

真(True)

偽(False)

演算子	働き	使い方	意味
=	＝（等しい）	a = b	aとbは等しい
<>	≠（等しくない）	a <> b	aとbは等しくない
<	＜（小なり）	a < b	aはbより小さい
>	＞（大なり）	a > b	aはbより大きい
<=	≦（以下）	a <= b	aはb以下
>=	≧（以上）	a >= b	aはb以上
Like	文字列のパターンが等しい	a Like b	aはbで指定したパターンを持つ
Is	オブジェクト変数の比較	a Is b	aとbが同じオブジェクトを参照している

2つ以上の記号で1つの働きをしているものは、スペースなどで区切らないでください。

式が持っている値

条件式や代入式はそれ自体が値を持っています。たとえば、条件式が偽であるとき、条件式そのものは**False**という値を持ちます。条件式が真のときは、条件式の値は**True**になります。

1
マクロ

2
VBAプログラミングの基礎

真偽値

条件式の真偽値は、数値型の変数に代入することができます。変数の値は、`True`を代入すると`-1`、`False`を代入すると`0`になります。

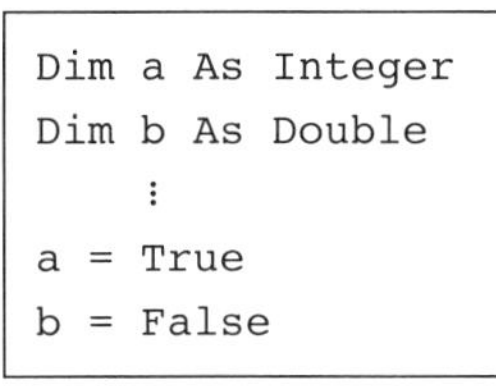

```
Dim a As Integer
Dim b As Double
    ⋮
a = True
b = False
```

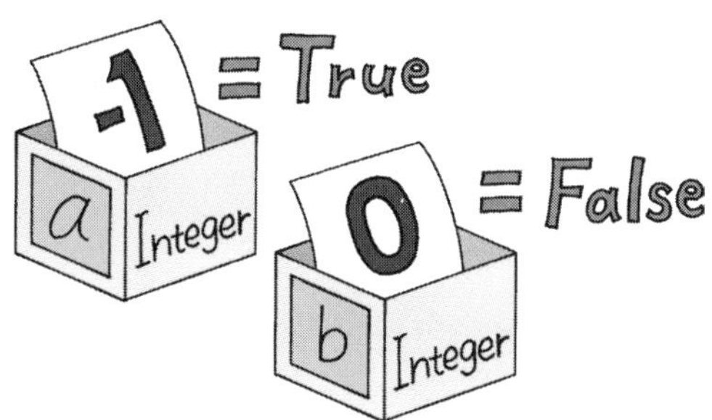

-1
= True
a
Integer
0
= False
b
Integer

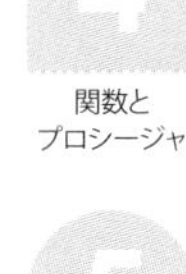

例

```
Sub Compare()
    Dim a As Integer
    Dim b As Integer
    Dim str As String
    a = 10
    b = 20
    str = "a = " & a & " b = " & b & vbCr
    str = str & "a < b ・・・" & (a < b) & vbCr
    str = str & "a > b ・・・" & (a > b) & vbCr
    str = str & "a = b ・・・" & (a = b) & vbCr
    MsgBox str
End Sub
```

実行結果

```
a = 10 b = 20
a < b・・・True
a > b・・・False
a = b・・・False
OK
```

比較演算子は&演算子よりも優先順位が低いため()が必要です（54ページ参照）

3 演算子 / 4 関数とプロシージャ / 5 制御文 / 6 Excelオブジェクトの基礎 / 7 Excelオブジェクトの実践 / 8 コントロールとフォーム / 9 付録

論理演算子

複数の条件式を組み合わせて、より複雑な条件式を作ることができます。

論理演算子とは？

複数の条件を組み合わせて、より複雑な条件を表すときに使うのが**論理演算子**(ろんりえんざんし)です。

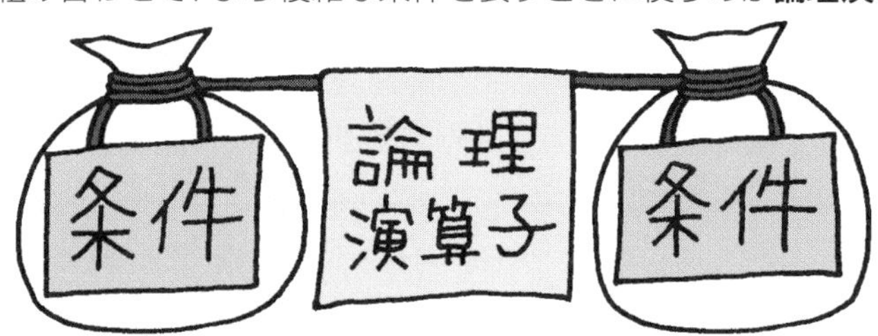

条件
論理
演算子
条件

VBAの論理演算子には、次の6種類があります。

演算子	働き	使い方	意味
And	論理積（かつ）	(a >= 1) And (a < 50)	aは1以上かつ50未満
Or	論理和（または）	(a = 1) Or (a = 10)	aは1または10
Not	論理否定 （～ではない）	Not (a = 100)	aは100ではない
Xor	排他的論理和	(a >= 5) Xor (a <= 9)	aは5以上または9以下 しかし、5以上かつ9以下ではない
Eqv	論理等価演算	(a >= 5) Eqv (a <= 9)	aは5以上かつ9以下 または、5以上でも9以下でもない
Imp	論理包含演算	(a <= 9) Imp (a Mod 2 = 0)	aは偶数、または9以下でも 偶数でもない（= 9より大きい奇数）

条件A、Bがあるとき、論理演算子の働きを図示すると、次のようになります。

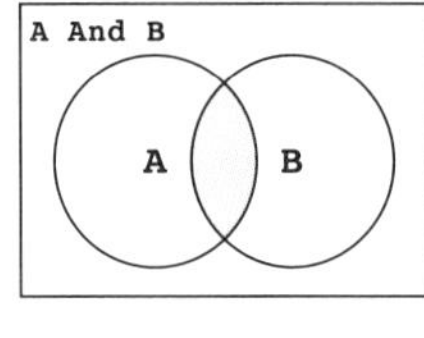

A And B
A
B

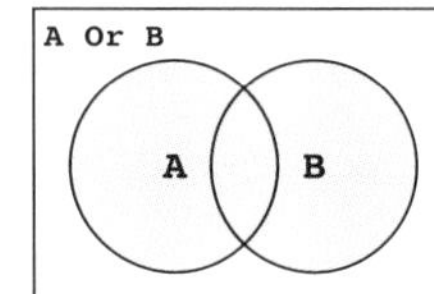

A Or B
A
B

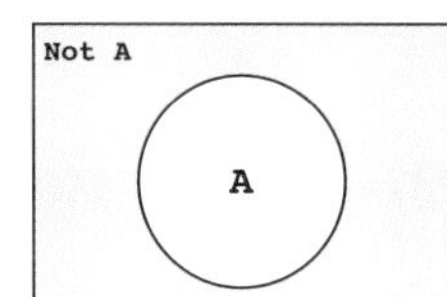

Not A
A

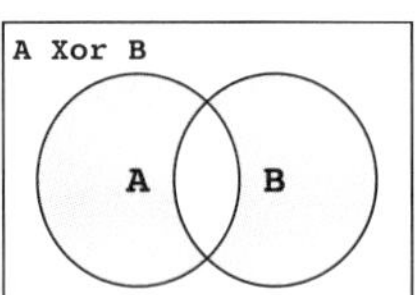

A Xor B
A
B

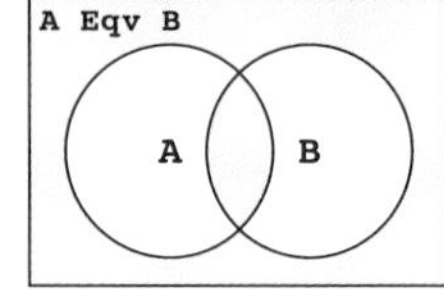

A Eqv B
A
B

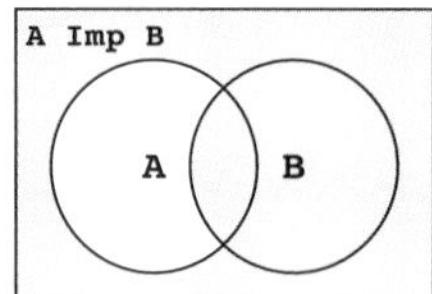

A Imp B
A
B

≫複雑な条件式

少し複雑な論理演算の例を見てみましょう。各演算子は優先度（54ページ参照）に従って処理されますが、意図的に関係をはっきりさせたいときは、( )を使います。

aが50以上100未満である

(50 <= a) And (a < 100)

50<=a<100とは書けません。

bが0でも1でもない

Not ((b = 0) Or (b = 1)) ・・・「b = 0またはb = 1」ではない

(Not (b = 0)) And (Not (b = 1)) ・・・b = 0ではなく、b = 1でもない

(b <> 0) And (b <> 1) ・・・b ≠ 0かつb ≠ 1である

例

```
Sub Compare()
    Dim a As Integer
    Dim b As Integer
    Dim str As String

    a = 1
    b = 2
    str = "a = " & a & " b = " & b & vbCr
    str = str & "(a = 3) And (b = 3)・・・"
    str = str & ((a = 3) And (b = 3)) & vbCr
    str = str & "(a > 0) Or (b < 0) ・・・"
    str = str & ((a > 0) Or (b < 0))
    MsgBox str
End Sub
```

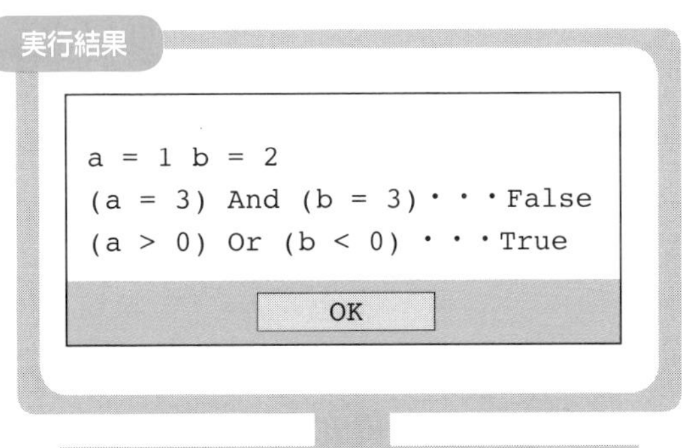
実行結果
a = 1 b = 2
(a = 3) And (b = 3)・・・False
(a > 0) Or (b < 0) ・・・True
OK

演算の優先度

基本的な演算子がひととおり登場したところで、演算子の優先順位を紹介しましょう。

演算子の優先順位

基本的には左から右へ計算していきますが、「×は＋よりも先に計算する」や「（）の中を先に計算する」など、演算には優先順位があります。式の中に複数の演算子が含まれる場合、VBAでは次の優先順位に基づいて計算します。

優先順位	演算子	働き
1	`^`	べき乗
2	`-`	負の符号
3	`*`	かける
	`/`	割る
4	`¥`	割る
5	`Mod`	余り
6	`+`	足す
	`-`	引く
7	`&`	文字列連結
8	`=`	等しい
	`<>`	等しくない
	`<`	小なり
	`>`	大なり
	`<=`	以下
	`>=`	以上
	`Like`	文字列のパターンが等しい
	`Is`	オブジェクト変数の比較
9	`And`	論理積（かつ）
	`Or`	論理和（または）
	`Not`	論理否定（～ではない）
	`Xor`	排他的論理和
	`Eqv`	論理等価演算
	`Imp`	論理包含演算

式を作るときは、
優先順位を考えて！

≫式の読み方

具体的な式を例に、いろいろな演算子の優先順位を見てみましょう。

優先度が違うとき

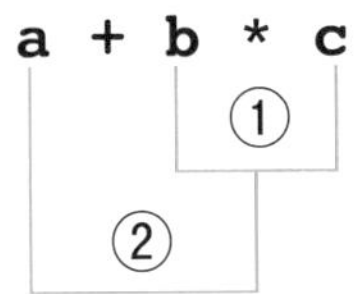
a + b * c
①
②

+や-よりも、*や/のほうを先に計算します。

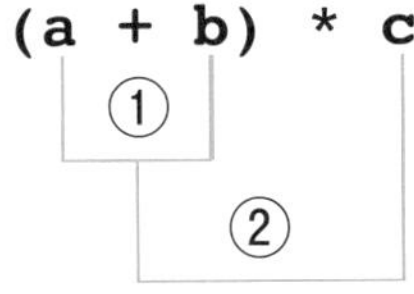
(a + b) * c
①
②

()でくくると、その中を先に計算します。

優先度が同じとき

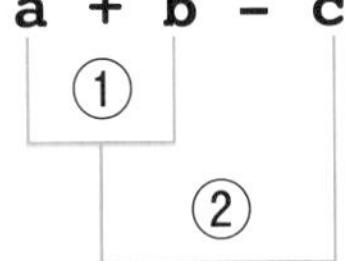
a + b - c
①
②

四則演算は左から計算します。

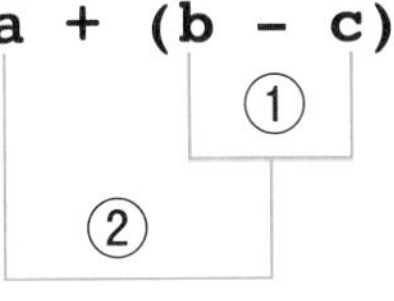
a + (b - c)
①
②

()でくくると、その中を先に計算します。

複雑な式を書くときは、()を使うと読みやすくなります。

例

```
Sub Priority()
    Dim str As String
    str = "2×8-6÷2 = " & (2 * 8 - 6 / 2) & vbCr
    str = str & "2×(8-6)÷2 = " & (2 * (8 - 6) / 2) & vbCr
    str = str & "1-2+3 = " & (1 - 2 + 3) & vbCr
    str = str & "1-(2+3) = " & (1 - (2 + 3)) & vbCr
    MsgBox str
End Sub
```

実行結果

```
2×8-6÷2 = 13
2×(8-6)÷2 = 2
1-2+3 = 2
1-(2+3) = -4
```

OK

COLUMN

～ヘルプについて～

Excelから起動するヘルプでは、VBAに関する情報は限られています。VBAについてのヘルプを参照したい場合には、VBEのヘルプ機能を利用しましょう。

VBEの［ヘルプ］メニューの「Microsoft Visual Basic for Applications ヘルプ」、またはツールバーの［?］ボタンをクリックすると、Microsoft社によるオンラインヘルプが表示されます。以前のVBEでは、ローカル環境にインストールされたヘルプファイルを表示できましたが、Excel 2013からはローカル環境にはインストールされなくなり、オンラインヘルプのみになりました。そのため、VBEからヘルプを参照するためには、インターネットに接続されている必要があります。

本書の執筆時点では、まずExcelに関する情報のトップページが表示されるので、このトップページの見出しや左側のナビゲーション、右上の検索ボックスなどを利用して、必要な情報を探してください。Webサイトの内容が多く、構造もやや複雑なので、慣れるまで少し難しいと感じるかもしれません。

また、コードウィンドウのステートメントや関数、プロパティ、メソッドなどの上にカーソルを置いて［F1］キーを押すと、そのキーワードのヘルプを直接参照することができます。場合によってはこちらの方法のほうが、速くて手軽ですね。

ケースバイケースでヘルプを上手に使っていきましょう。

Help

4

関数と プロシージャ

第4章は
ここがKey

魔法のブラックボックス

本章では、まず**関数**について学びます。関数というと、数学で苦労して拒否反応を示す人もいるかもしれませんね。しかし、第2章で少し触れたように、VBAでいうところの関数とは「一連の処理の集まり」であり、数学のそれよりももう少し広い意味を持っています。関数を利用すると、面倒な処理を記述することなく、一連の処理を実行することができます。いってみれば、関数は、大変便利なブラックボックスなのです。ここでは、第2章で登場した`MsgBox`関数を例に、関数の概念や使い方、引数の指定方法などを学習していきます。

?

プロシージャを知ろう

VBAでは、実行するプログラムは**プロシージャ**の中に書くという決まりがあります。プロシージャとは「手続き」という意味ですが、ここではブラックボックスの中身を自分で作ることができる関数のようなものを指します。第2章でメッセージボックスを表示させるプログラムを作成したとき、最初に`Sub`ステートメントを、最後に`End Sub`ステートメントを記述し、`MsgBox`関数をその中に置いたのを思い出してください。この「`Sub～End Sub`」で定義されたものが**`Sub`プロシージャ**です。呼び出し元に実行結果を返す**`Function`プロシージャ**というものもあります。

最後に、変数の**スコープ**についても紹介します。プロシージャ内で宣言した変数は、宣言したプロシージャの中だけで利用できます。一方、モジュールの先頭で変数を宣言した場合は、そのモジュール内で有効になります。このような変数の有効範囲のことを、スコープといいます。例やイラストを参考に、有効範囲の違いをきちんとつかんでおいてください。

関数やプロシージャを理解することは、実践的なプログラムへの第一歩です。ゆっくりでかまいませんから、この章の内容をしっかりと理解しましょう。

Sub Message()
Hello!
OK
End Sub
MsgBox

関数の呼び出し(1)

VBAに用意されている便利な関数を使ってみましょう。

関数とは?

関数とは、プログラマが与えた値を指示どおりに処理し、結果を吐き出す箱のようなものです。処理の材料となる値のことを**引数(パラメーター)**といい、結果の値のことを**戻り値(返り値)**といいます。

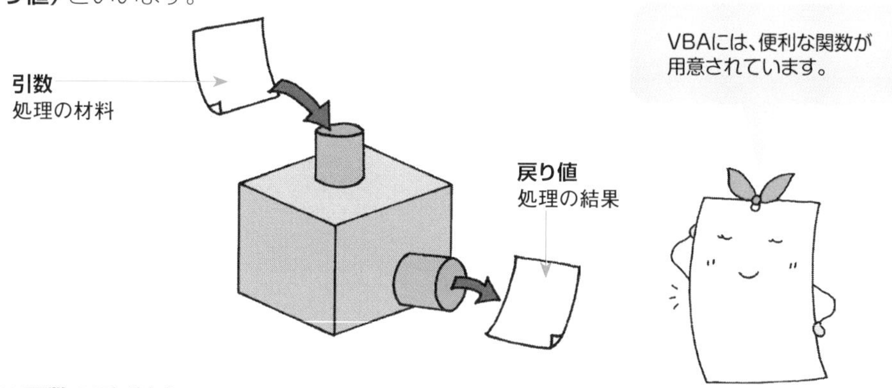
引数
処理の材料
戻り値
処理の結果
VBAには、便利な関数が
用意されています。

》関数の呼び出し

今まで使ってきたMsgBoxも関数の1つです。MsgBox関数を実行するには次のように記述します。関数を実行することを「関数を呼び出す」ともいいます。

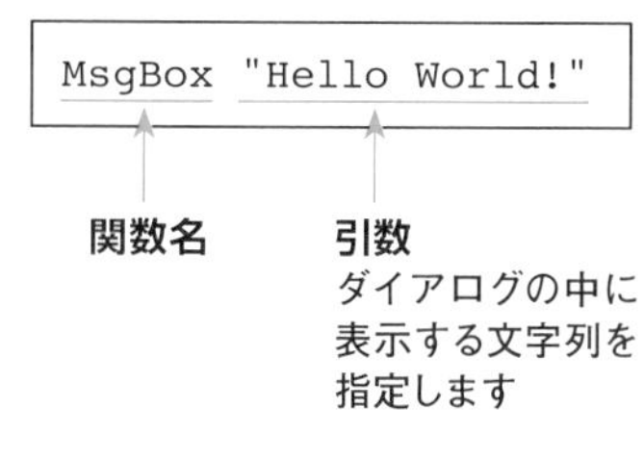
MsgBox "Hello World!"
関数名
引数
ダイアログの中に
表示する文字列を
指定します

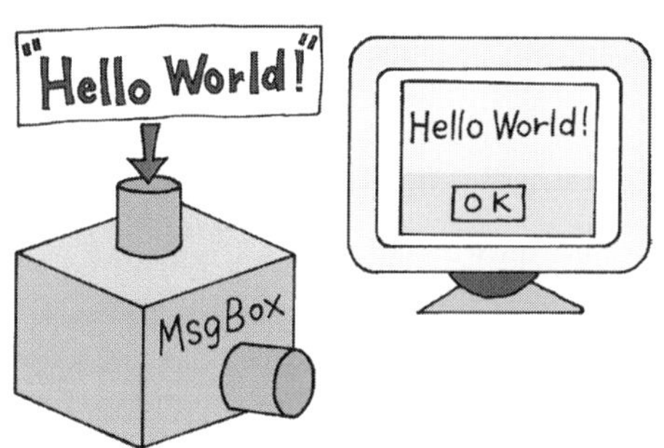
"Hello World!"
Hello World!
OK
MsgBox

関数の戻り値を受け取る場合、引数全体を「()」で囲みます。

```
Dim res As VbMsgBoxResult
res = MsgBox("Hello World!")
```

MsgBox関数の戻り値を代入する変数は、VbMsgBoxResult型とするのが一般的です

押されたボタンの種類が得られます。[OK] ボタンが押されたときは、vbOKという定数になります

引数の指定

複数の引数を指定して関数を呼び出すには、引数を「,（カンマ）」で区切って並べます。

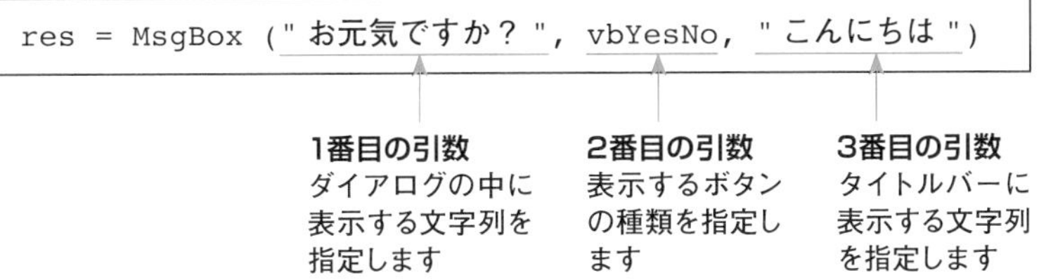
res = MsgBox (" お元気ですか？ ", vbYesNo, " こんにちは ")
1番目の引数
ダイアログの中に表示する文字列を指定します
2番目の引数
表示するボタンの種類を指定します
3番目の引数
タイトルバーに表示する文字列を指定します

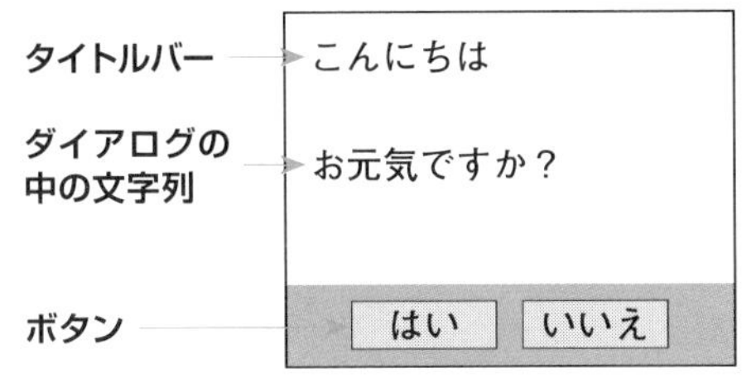
タイトルバー
こんにちは
ダイアログの中の文字列
お元気ですか？
ボタン
はい
いいえ

vbYesNoを指定すると、[はい]と[いいえ]のボタンが表示されます。

≫引数の省略

関数の引数には、省略できるものもあります。しかし、引数を指定する順番は決まっていて、「,（カンマ）」は省略できません。

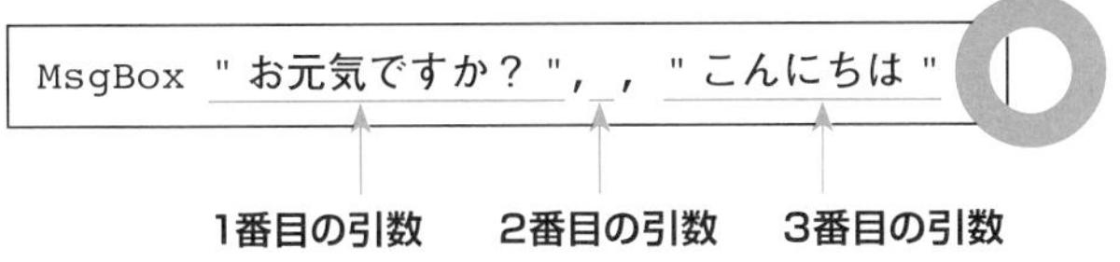
MsgBox " お元気ですか？ ", , " こんにちは "
1番目の引数
2番目の引数
3番目の引数

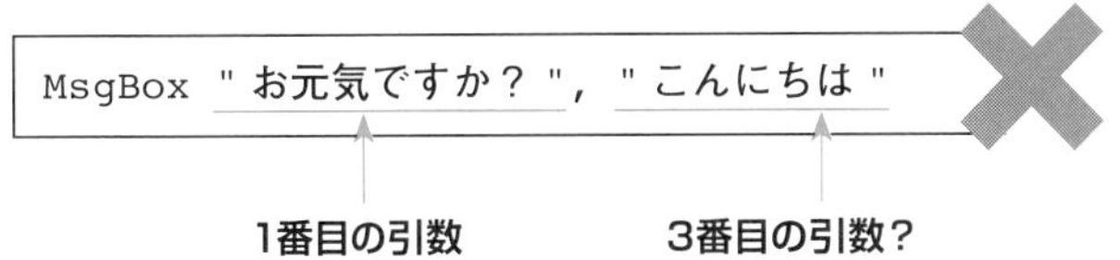
MsgBox " お元気ですか？ ", " こんにちは "
1番目の引数
3番目の引数？

実行時エラーになります。

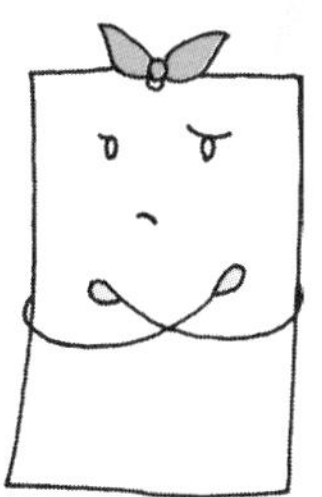

関数の呼び出し(2)

MsgBox 関数の仕様について見ていきましょう。

MsgBoxの仕様

MsgBox関数は次の5つの引数があります。[]のものは省略可能です。

```
MsgBox(Prompt[, Buttons][, Title][, Helpfile, Context])
```

引数名	内容	値の例
Prompt	メッセージボックスに表示する文字列	"Hello World"、 "お元気ですか？"
Buttons	メッセージボックスのボタンの種類や個数	vbOKOnly、vbOKCancel、 vbYesNo、vbYesNoCancel
Title	メッセージボックスのタイトル	"タイトル"、"確認"
HelpFile	ヘルプファイルの名前	"MSCAL.HLP"
Context	ヘルプトピックに指定したコンテキスト番号	0

≫関数のヘルプ

VBEで"MsgBox"にカーソルのある状態で［F1］キーを押すと、MsgBoxのヘルプが表示されます。

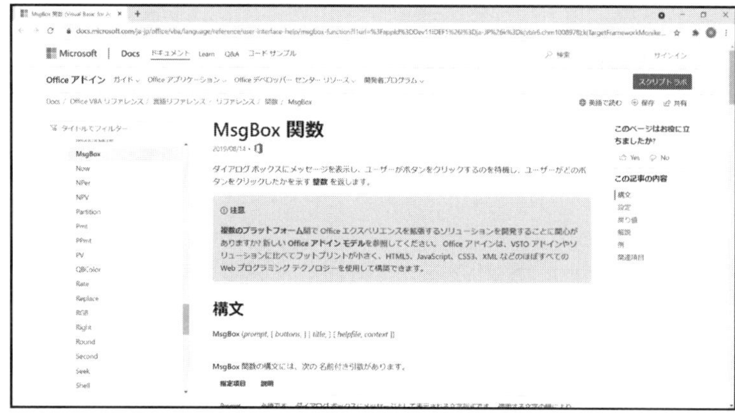
Microsoft
Docs
ドキュメント
Learn
Q&A
コード サンプル
Office アドイン
MsgBox 関数
2019/08/14
ダイアログ ボックスにメッセージを表示し、ユーザーがボタンをクリックするのを待機し、ユーザーがどのボタンをクリックしたかを示す 整数 を返します。
構文
MsgBox (prompt, [buttons,] [title,] [helpfile, context])
MsgBox 関数の構文には、次の 名前付き引数があります。
このページはお役に立ちましたか?
この記事の内容
MsgBox
Now
NPer
NPV
Partition
Pmt
PPmt
PV
QBColor
Rate
Replace
RGB
Right
Round
Second
Seek
Shell

入力中にも、仕様が表示されます。

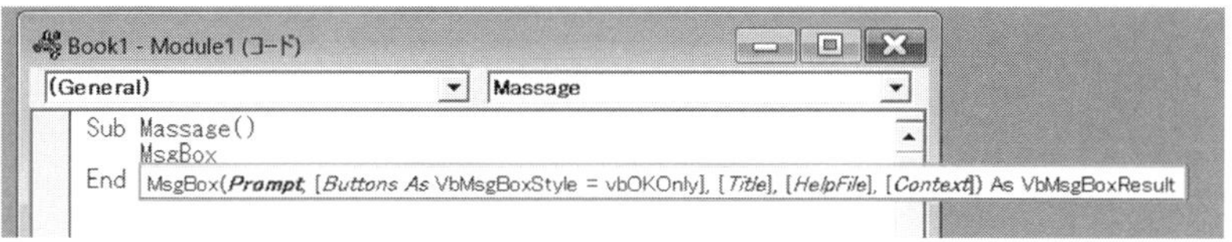
Book1 - Module1 (コード)
(General)
Massage
Sub Massage()
MsgBox
End
MsgBox(Prompt, [Buttons As VbMsgBoxStyle = vbOKOnly], [Title], [HelpFile], [Context]) As VbMsgBoxResult

名前付き引数

名前付き引数とは、順序ではなく名前を使って引数の値を指定する方法です。名前付き引数では、「:=」を使って次のように引数を名前で指定できます。引数を記述する順番を気にする必要はありません。

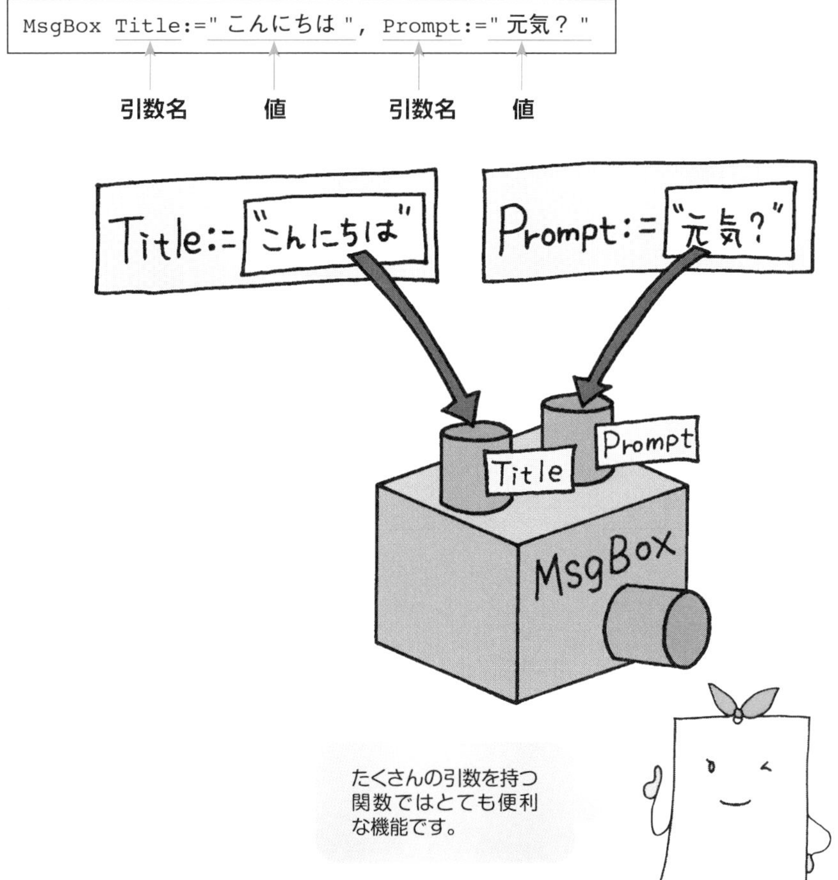
MsgBox Title:=" こんにちは ", Prompt:=" 元気？ "
引数名
値
引数名
値
Title:="こんにちは"
Prompt:="元気?"
Title
Prompt
MsgBox
たくさんの引数を持つ関数ではとても便利な機能です。

プロシージャとは

関数と同じような働きを持つ、プロシージャについて紹介します。

Subプロシージャとfunctionプロシージャ

プロシージャも、関数と同じように引数を与えて呼び出したり、戻り値を取得したりできます。

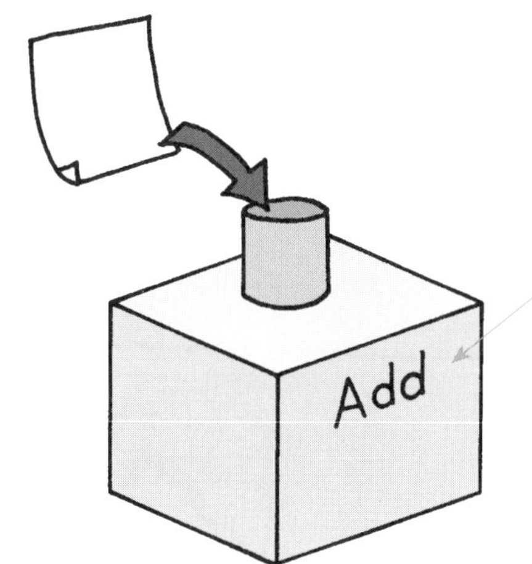
Add
プロシージャ名
プロシージャ名には、英数字、ひらがな、カタカナ、漢字、_（アンダースコア）が使えます。ただし、先頭文字に数字と _ は使えません

プロシージャには、**Subプロシージャ**と**Functionプロシージャ**があります。Subプロシージャは戻り値がなく、Functionプロシージャは戻り値があります。

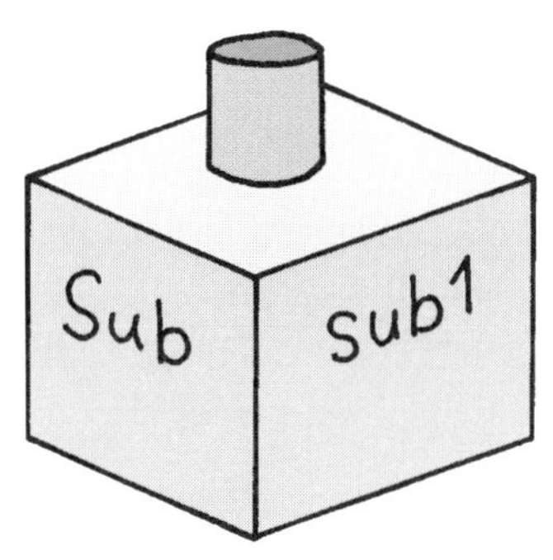
Sub
sub1

Function
func1

プロシージャの名前

1つのモジュールには複数のプロシージャを作成できます。ただし、同じモジュール内に同じ名前のプロシージャは作成できません。

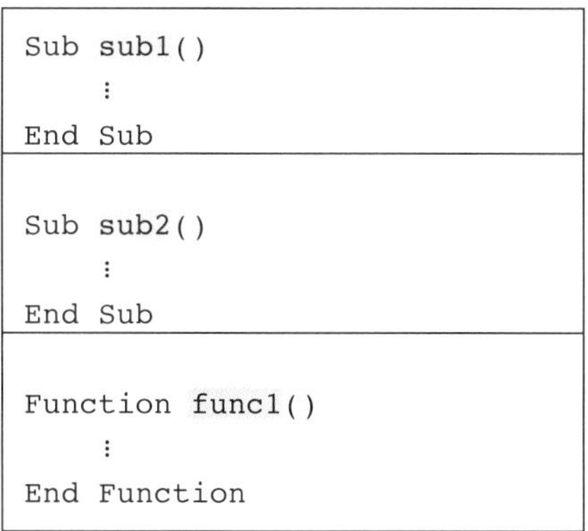

```
Sub sub1()
    ⋮
End Sub

Sub sub2()
    ⋮
End Sub

Function func1()
    ⋮
End Function
```

VBEでは、プロシージャの区切りに、線が表示されます。

中身がイメージできるような名前を付けましょう。

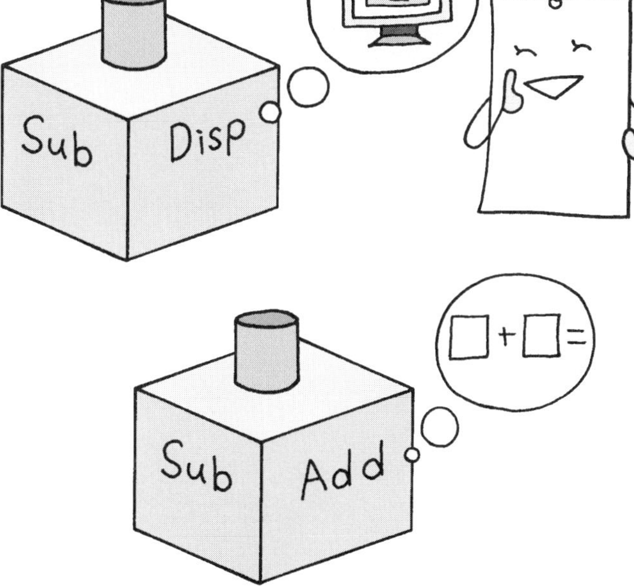
Sub
Disp
Sub
Add

プロシージャの定義

プロシージャは、種類によって定義の仕方が異なります。いろいろなプロシージャを作ってみましょう。

Subプロシージャの定義

Subプロシージャは、**Subステートメント**と**End Subステートメント**を使って定義します。

Messageプロシージャ
例:メッセージボックスに「Hello」と表示する

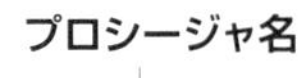

プロシージャ名

```
Sub Message()
    MsgBox "Hello"
End Sub
```

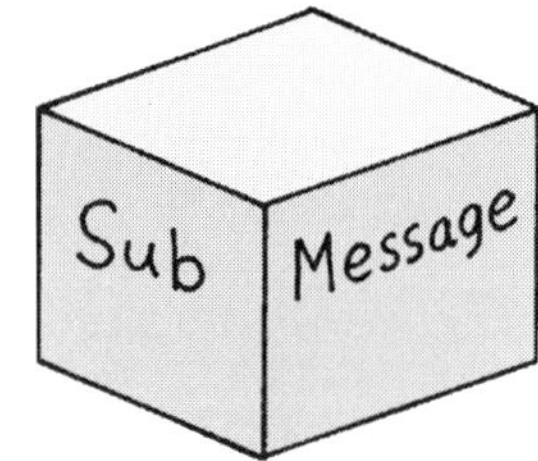
Sub
Message

Hello
OK

Functionプロシージャの定義

Functionプロシージャは、**Functionステートメント**と**End Functionステートメント**を使って定義します。

Aisatsuプロシージャ
例:文字列「Hello」を返します

プロシージャ名

```
Function Aisatsu() As String
    Aisatsu = "Hello"
End Function
```

Functionプロシージャ名に戻り値を代入します

戻り値のデータ型を指定します

Function
Aisatsu
"Hello"

戻り値の型は省略もできますが、なるべく書いたほうがよいでしょう。

引数を受け取るプロシージャの定義

引数のあるプロシージャは、次のように定義します。

> **MsgParamプロシージャ**
> 例：メッセージボックスに引数の文字列を表示する

変数名
データ型


```
Sub MsgParam(str As String)
    MsgBox str
End Sub
```

"Bye!"
Str
String
Sub
MsgParam

Bye!
OK

プロシージャの呼び出し

プロシージャを別のプロシージャから呼び出してみましょう。

プロシージャの呼び出し

プロシージャを別のプロシージャから呼び出すには**Callステートメント**を使います。

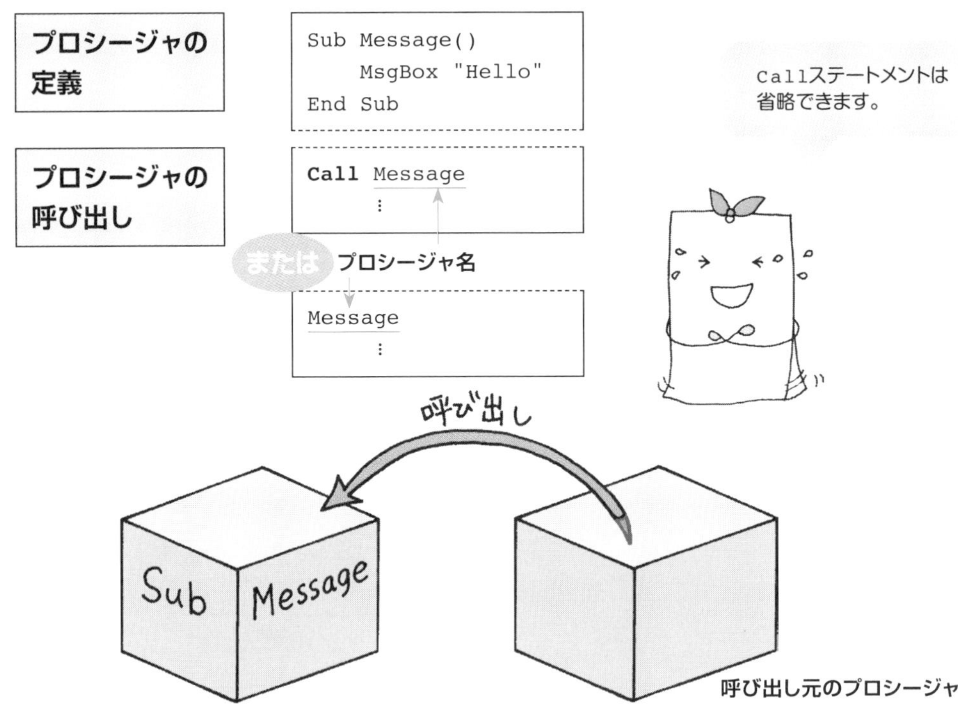
プロシージャの定義
Sub Message()
    MsgBox "Hello"
End Sub
プロシージャの呼び出し
Call Message
⋮
または
プロシージャ名
Message
⋮
Callステートメントは省略できます。
呼び出し
Sub
Message
呼び出し元のプロシージャ

≫引数を渡して呼び出す

プロシージャに引数を渡すには、次のようにします。

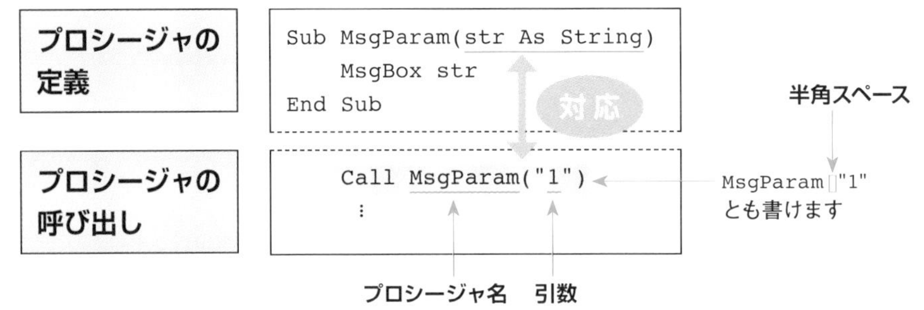
プロシージャの定義
Sub MsgParam(str As String)
    MsgBox str
End Sub
対応
半角スペース
プロシージャの呼び出し
Call MsgParam("1")
⋮
MsgParam "1"
とも書けます
プロシージャ名
引数

例

```
Sub MsgParam(str As String)
    MsgBox str
End Sub

Sub Main()
    MsgParam "Hello!"
End Sub
```

文字列「Hello!」を引数としてMsgParam関数を実行します

実行結果
Hello!
OK

Functionプロシージャの戻り値を受け取る

プロシージャが戻り値を返すときは、戻り値のデータ型に応じた変数に、その結果を代入できます。

プロシージャの定義

```
Function Hello() As String
    Hello = "Hello"
End Function
```

対応

プロシージャの呼び出し

```
    Dim myStr As String
    myStr = Hello
      ⋮
```

Function
Hello
"Hello"
my Str
String

引数に付く修飾子

引数のあるプロシージャでは、修飾子を付けて引数の種類を決めることができます。

ByRef

プロシージャの引数を定義するとき、変数の前に**ByRef**（By Reference）を付けて定義する引数は**参照渡**（さんしょうわた）しとなります。参照渡しした引数は、呼び出し先で値を変更することができます。何も指定しなかった場合は、デフォルトで参照渡しになります。

```
Sub Main()
    Dim a As Integer
    a = 2
    Call Sample(a)
    MsgBox a        ← 呼び出し元の引数aの
End Sub               値は5になります
```

参照渡し

```
Sub Sample(ByRef a As Integer)
    a = 5           ← 呼び出し先で引数の値
End Sub               を変更します
```

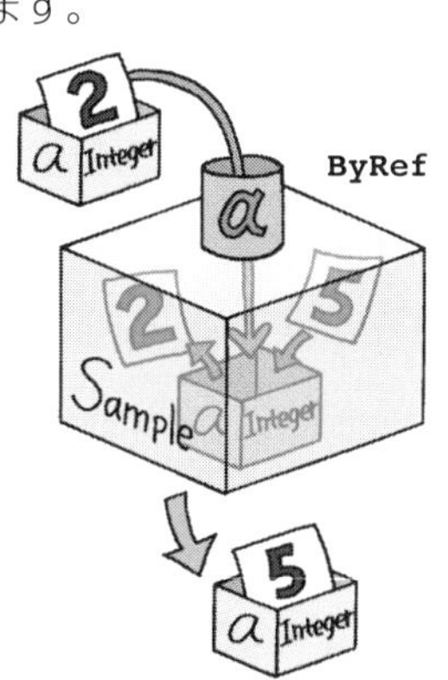

ByRef
Sample
Integer

ByVal

変数の前に**ByVal**（By Value）を付けると、その引数は**値渡**（あたいわた）しになります。変数の中身の値だけが渡されるので、呼び出し先から変数の値を変更することはできません。

```
Sub Main()
    Dim a As Integer
    a = 2
    Call Sample(a)
    MsgBox a        ← 呼び出し元の引数aの
End Sub               値は2のままです
```

値渡し

```
Sub Sample(ByVal a As Integer)    呼び出し先で引数の値
    a = 5           ←             を変更できません
End Sub
```

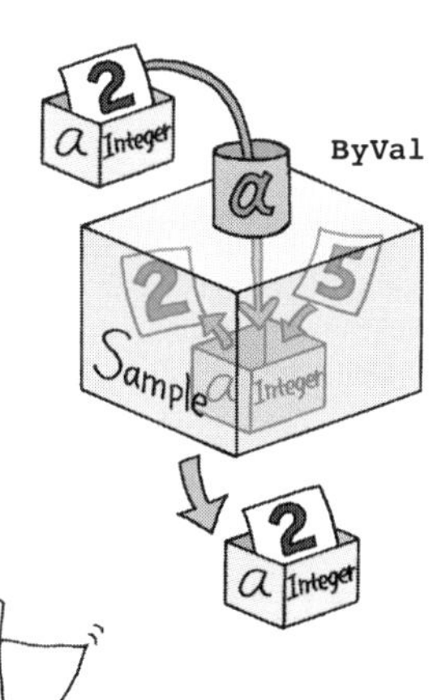

ByVal
Sample
Integer

By Referenceは「引数を参照渡しにして」、
By Valueは「引数を値渡しにして」の意味です。

Optional

プロシージャの引数を定義するとき、引数の前に**Optional**を付けると、呼び出すときにその引数を省略できます。Optionalな引数はデフォルト値を指定する必要があります。

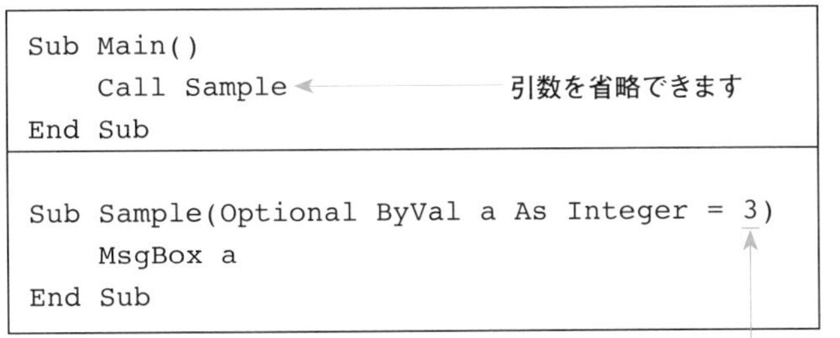

```
Sub Main()
    Call Sample ←――― 引数を省略できます
End Sub
```

```
Sub Sample(Optional ByVal a As Integer = 3)
    MsgBox a
End Sub
```

3
a
Sample

デフォルト値
引数を省略すると、プロシージャの中でaの値は3になります

Optionalを指定したら、そのあとにくる引数もすべてOptionalを指定する必要があります。

例

```
Sub Nikuman()
    Dim name As String, food As String
    Dim n As Integer
    name = "しおり"
    food = "アイス"
    n = 5

    Call Eat(name, food) ←――― 3つ目の引数が省略されています
    MsgBox name & "は" & food & "を" & n & "個食べました。"
End Sub
```

```
Sub Eat(ByVal a As String, ByRef b As String, _
Optional ByVal c As Integer = 3)
    a = "わたし"
    b = "肉まん"
    MsgBox a & "は" & b & "を" & c & "個食べました。"
End Sub
```

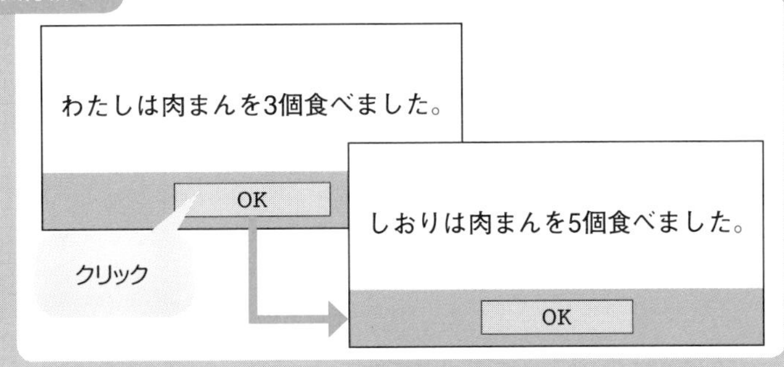
実行結果
わたしは肉まんを3個食べました。
OK
クリック
しおりは肉まんを5個食べました。
OK

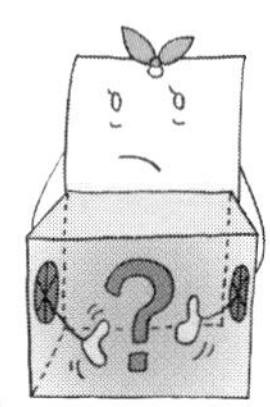

変数のスコープ

変数には有効範囲があります。変数の有効範囲のことをスコープといいます。

プロシージャ内で宣言した変数

プロシージャ内で宣言した変数は、宣言したプロシージャ内でのみ有効です。

```
Sub SetNum()
    Dim a As Integer
    a = 10
End Sub
```

この変数aの有効範囲

```
Sub ShowMsg()
    Dim a As Integer
    a = 0
    Call SetNum
    MsgBox a
End Sub
```

この変数aの有効範囲

メッセージボックスには0が表示されます

同じ名前でも、有効範囲はそれぞれのプロシージャ内だけです。

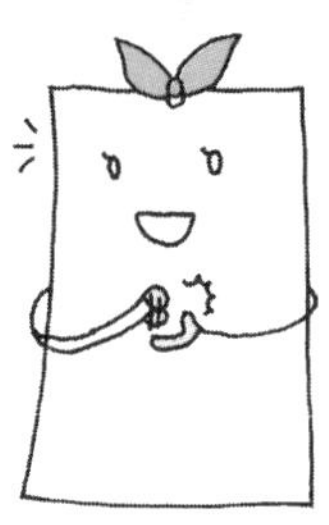

10
a
Integer

SetNum Subプロシージャ

0
a
Integer

ShowMsg Subプロシージャ

モジュールの先頭で宣言した変数

変数はモジュールの先頭でも宣言できます。モジュールの先頭で宣言した変数は、モジュール内で有効です。

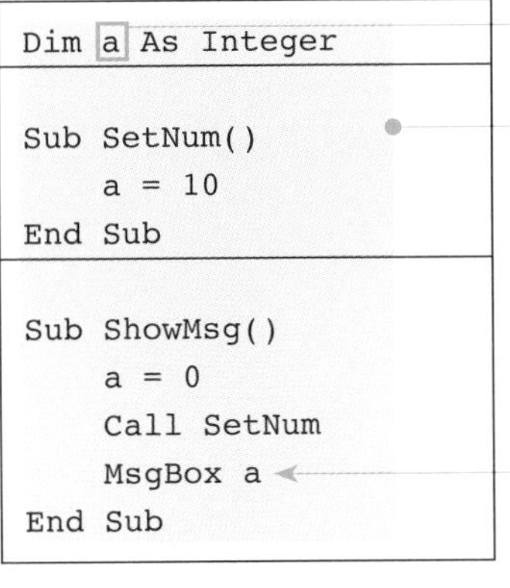

```
Dim a As Integer

Sub SetNum()
    a = 10
End Sub

Sub ShowMsg()
    a = 0
    Call SetNum
    MsgBox a
End Sub
```

この変数aの有効範囲

メッセージボックスには10が表示されます

SetNumプロシージャでaに値を代入した結果が反映されます。

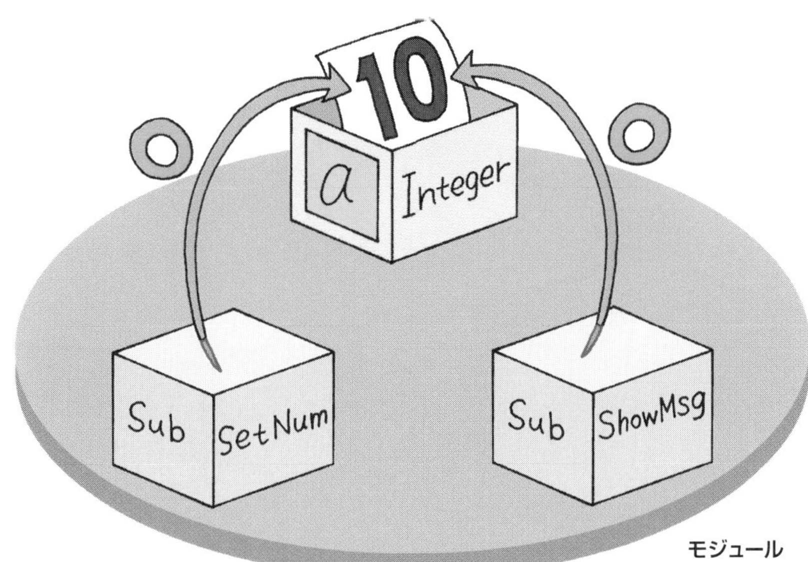
10
a
Integer
Sub
SetNum
Sub
ShowMsg
モジュール

memo

モジュールレベルで宣言された変数とプロシージャレベルで宣言された変数が同じ名前である場合、プロシージャレベルで宣言した変数のほうが優先されます。
しかし、同名の変数が混在するとコードが読みにくくなるため、モジュールレベルで宣言した変数と同名の変数はプロシージャレベルで宣言しないのが普通です。

COLUMN

～名前付けの規則～

VBAでは、変数、定数、プロシージャなどの名前の付け方に、次のような規則があります。

・先頭は文字でなければなりません（数字などは不可）
・「　（スペース）」、「.（ピリオド）」、「!（感嘆符）」、「@」、「&」、「Z」、「#」を使うことはできません。
・名前の長さは半角で255文字以内にします（全角文字1個は半角文字2個分に相当）。
・VBAの関数、ステートメント、メソッドと同じ名前を使うことはできません。
・適用範囲（スコープ）内で同じ名前を使用することはできません。

また、以下の点にも注意しましょう。

・VBAでは大文字と小文字は区別されません。
・宣言時の大文字／小文字は保持されます。

Sum
num

5

制御文

第5章は
ここがKey

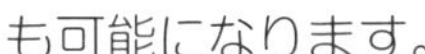

プログラムの流れを変えてみよう！

この章では、実際にプログラミングをする上でよく使われる制御文について紹介します。制御文はプログラムの流れを必要に応じて変えたいときに使うものです。

プログラムは本来、水のように上から下に向かって流れていきますが、それでは単純な動作しか定義できません。状況によっては、「同じ処理を繰り返したい」「演算結果によって処理を中止したい」ということもあるでしょう。そんなときに活躍するのが制御文です。制御文を使えばプログラムの流れを戻したり、せき止めたりすることも可能になります。

はじめに紹介するのは、**If**～**Then**（イフ ゼン）ステートメントです。これは英語の「If」という単語の意味のとおり、「もし～だったら…する」という、条件分岐を作る制御文です。つまり、条件が「成り立った場合」と「成り立たなかった場合」の2通りのプログラムの流れを用意することができるのです。もちろん、`If`ステートメントを複数使用することにより、2つ以上の流れを作ることも可能です。

続いて、簡単に複数の分岐ができるSelect Case（セレクト ケース）ステートメントを紹介します。条件の分岐が多くなるときに使えば、簡潔でわかりやすいコードを書くことができます。

また、一定の条件下において処理を繰り返したいときに使う**For～Next**（フォー ネクスト）ステートメントと**Do～Loop**（ドゥ ループ）ステートメントという制御文もあります。For～Nextステートメントが指定した回数だけ処理を繰り返す一方、Do～Loopステートメントは、指定した条件が満たされるあいだ、もしくは指定した条件が満たされるまで処理を繰り返します。Do～Loopステートメントについては、本編ではこの処理の実行の流れに着目して大きく2つの項目に分けました。このようにして繰り返しの制御文を詳しく紹介していきます。

LOOP

制御文を使えば、コンピュータに複雑な処理をさせることが可能になります。しかし、プログラムの流れを変えると**無限ループ**（永久に続く繰り返し）などいろいろ間違ったプログラムを書いてしまうケースも増えてきます。それぞれの制御文を正しく理解し、じゅうぶんに気をつけてプログラミングするようにしましょう。また、エラーが生じたときの対応方法も最後に紹介していますので、目を通しておいてください。

If～Thenステートメント(1)

Ifは、英単語の意味そのままに「もし～だったら」のことです。VBAの制御文の中では、一番基本的なものです。

Ifステートメントとは？

YES!
NO!

`If`（イフ）ステートメントは条件によって処理を振り分けるときに使います。条件によっては比較演算子や論理演算子を使った条件式を指定します。

If～Thenステートメント

一番シンプルなIfステートメントです。条件が成立する（True）場合に実行する処理を指定します。

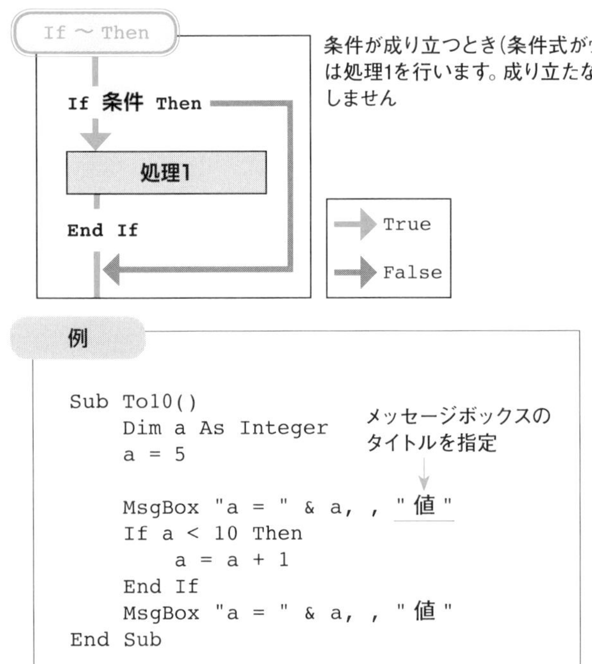

If ～ Then
If 条件 Then
処理1
End If
True
False

条件が成り立つとき（条件式がTrueのとき）は処理1を行います。成り立たないときは何もしません

例

```
Sub To10()
    Dim a As Integer
    a = 5

    MsgBox "a = " & a, , "値"
    If a < 10 Then
        a = a + 1
    End If
    MsgBox "a = " & a, , "値"
End Sub
```

メッセージボックスのタイトルを指定

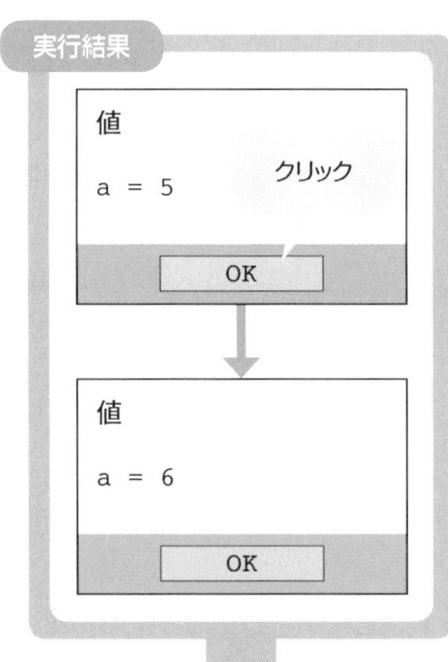

実行結果
値
a = 5
クリック
OK
値
a = 6
OK

If～Then～Elseステートメント

条件が成立する場合と成立しない場合とで、処理を振り分けます。

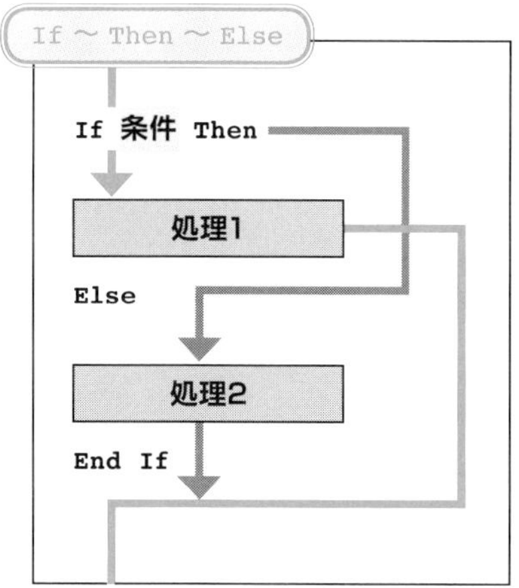

If ～ Then ～ Else
If 条件 Then
処理1
Else
処理2
End If

条件が成り立つときは処理1を、成り立たないときは処理2を行います

True
False

例

```
Sub CheckNum()
    Dim a As Integer
    a = 5

    If a Mod 2 = 0 Then
        MsgBox a & "は偶数です。", , "偶数奇数判断"
    Else
        MsgBox a & "は奇数です。", , "偶数奇数判断"
    End If
End Sub
```

実行結果

偶数奇数判断

5は奇数です。

OK

5÷2の余りは1なので、Else以下の処理を実行します。

If～Thenステートメント(2)

複数の条件を使って処理を振り分ける方法や、入れ子にした処理など、Ifステートメントの応用を学びましょう。

If～Then～ElseIfステートメント

複数の条件のどれにあてはまるかによって、それぞれ違う処理を行いたいときは、**If**(イフ)～**Then**(ゼン)～**ElseIf**(エルスイフ)ステートメントを使います。

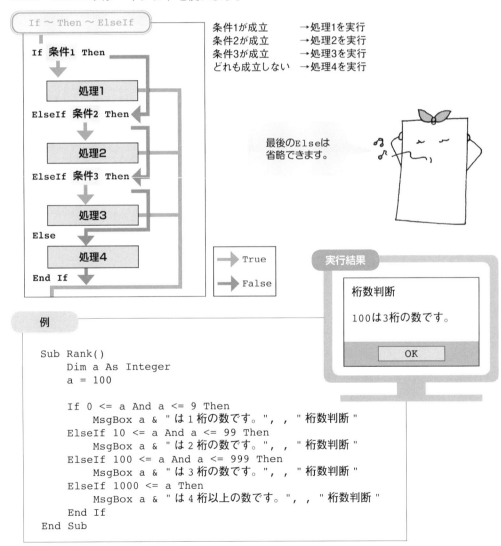

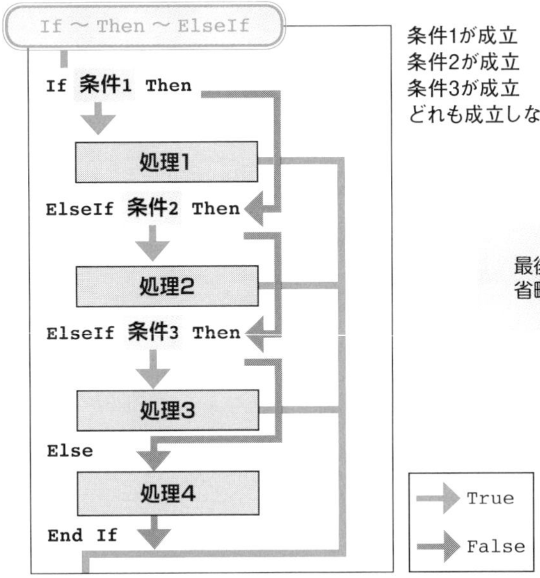

If ～ Then ～ ElseIf

```
If 条件1 Then
    処理1
ElseIf 条件2 Then
    処理2
ElseIf 条件3 Then
    処理3
Else
    処理4
End If
```

条件1が成立　→処理1を実行
条件2が成立　→処理2を実行
条件3が成立　→処理3を実行
どれも成立しない　→処理4を実行

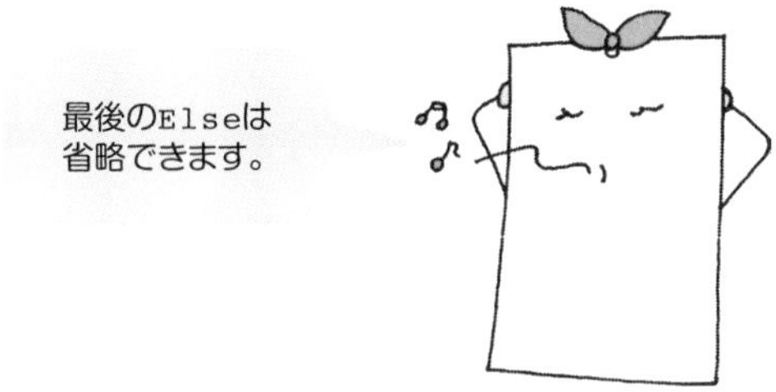

True
False

最後のElseは省略できます。

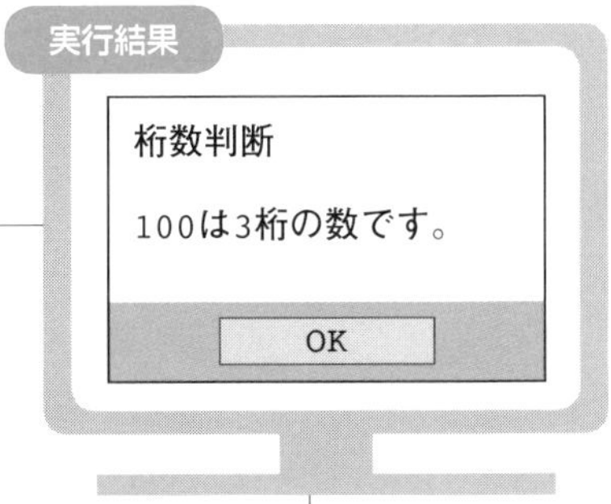

例

```
Sub Rank()
    Dim a As Integer
    a = 100

    If 0 <= a And a <= 9 Then
        MsgBox a & "は1桁の数です。", , "桁数判断"
    ElseIf 10 <= a And a <= 99 Then
        MsgBox a & "は2桁の数です。", , "桁数判断"
    ElseIf 100 <= a And a <= 999 Then
        MsgBox a & "は3桁の数です。", , "桁数判断"
    ElseIf 1000 <= a Then
        MsgBox a & "は4桁以上の数です。", , "桁数判断"
    End If
End Sub
```

実行結果

桁数判断

100は3桁の数です。

OK

入れ子になったIf文

Ifステートメントをはじめとする制御文では、処理の中にさらに制御文を含めることができます。このような入れ子のことを**ネスト**といいます。

正しくインデントを入れれば見やすくなります。

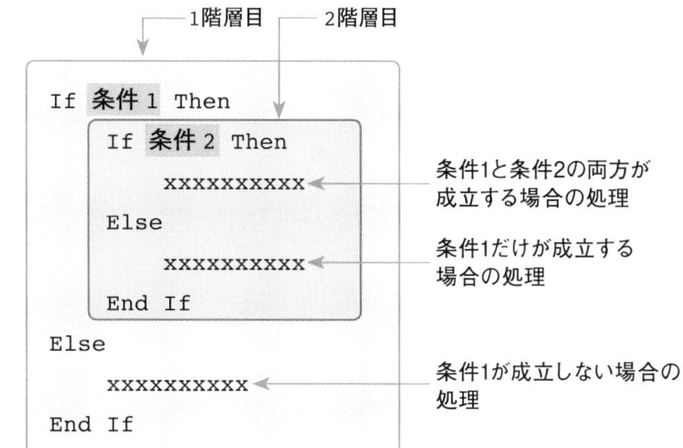

1階層目
2階層目
If 条件1 Then
If 条件2 Then
xxxxxxxxxx
Else
xxxxxxxxxx
End If
Else
xxxxxxxxxx
End If
条件1と条件2の両方が成立する場合の処理
条件1だけが成立する場合の処理
条件1が成立しない場合の処理

例

```
Sub Score()
    Dim a As Integer
    a = 90

    If a > 80 Then
        If a = 100 Then
            MsgBox "満点です。", , "スコア"
        Else
            MsgBox "もう少しです。", , "スコア"
        End If
    Else
        MsgBox "がんばりましょう。", , "スコア"
    End If
End Sub
```

条件が成立した場合の判断で、If文をネストしています。

実行結果

スコア

もう少しです。

OK

Select Caseステートメント

Select Case ステートメントを使うと、多くの選択肢を持つ分岐処理をスマートに記述できます。

条件を分岐する

Select Case（セレクト ケース）ステートメントは、複数の**Case**という選択肢の中から式の値に合うものを選び、その処理を実行します。式の値がCaseのどれにもあてはまらないときは**Case Else**に進みます。

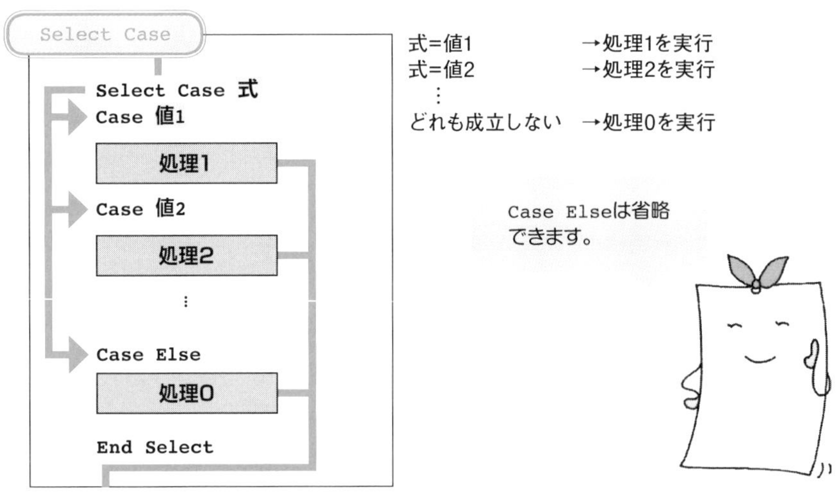

Select Case
Select Case 式
Case 値1
処理1
Case 値2
処理2
⋮
Case Else
処理0
End Select
式=値1 →処理1を実行
式=値2 →処理2を実行
⋮
どれも成立しない →処理0を実行
Case Elseは省略できます。

式によって異なる処理を選択し、実行します

条件が多くなる場合には、If〜Then〜Elseステートメントの代わりにSelect Caseステートメントを使用すると、コードを簡潔にできます。

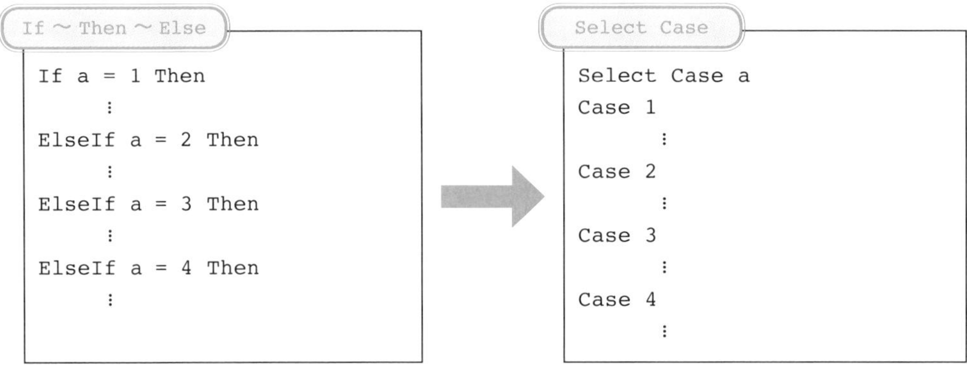

If 〜 Then 〜 Else
If a = 1 Then
⋮
ElseIf a = 2 Then
⋮
ElseIf a = 3 Then
⋮
ElseIf a = 4 Then
⋮
Select Case
Select Case a
Case 1
⋮
Case 2
⋮
Case 3
⋮
Case 4
⋮

≫値の指定

Caseでは複数の値を指定することができます。その場合は値を「,（カンマ）」で区切って並べます。

```
Case 4, 6, 9, 11
```

式の値が4、6、9、11の場合

値が連続している場合は、次のように範囲で指定することもできます。

```
Case 2 To 5
```

式の値が2、3、4、5の場合

比較演算子の利用

Select Caseステートメントでは、比較演算子を使って条件の選択肢を指定することができます。この場合、CaseのあとにIsと比較演算子を組み合わせて記述します。

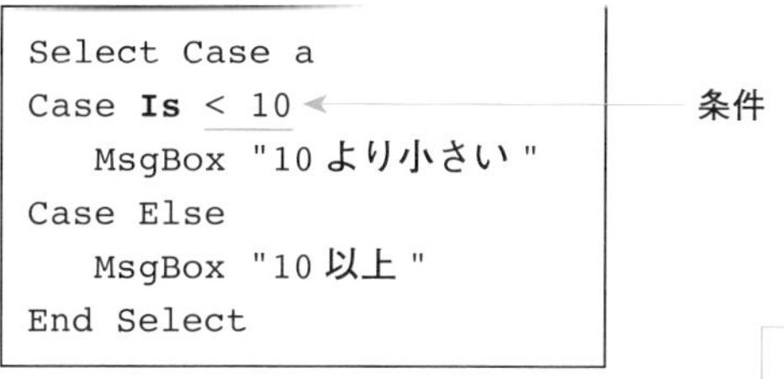

```
Select Case a
Case Is < 10
   MsgBox "10より小さい"
Case Else
   MsgBox "10以上"
End Select
```

条件

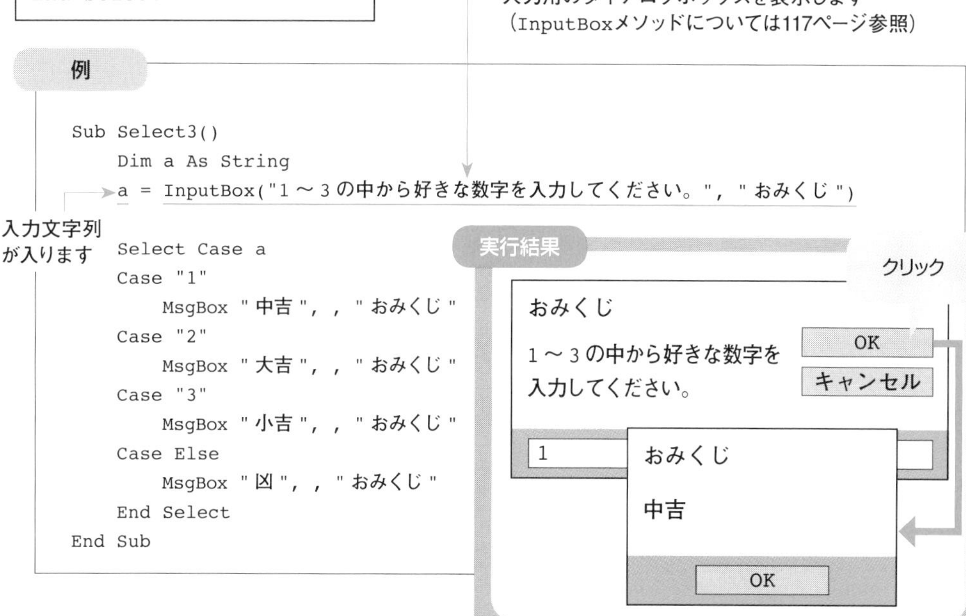

例

```
Sub Select3()
    Dim a As String
    a = InputBox("1～3の中から好きな数字を入力してください。", "おみくじ")

    Select Case a
    Case "1"
        MsgBox "中吉", , "おみくじ"
    Case "2"
        MsgBox "大吉", , "おみくじ"
    Case "3"
        MsgBox "小吉", , "おみくじ"
    Case Else
        MsgBox "凶", , "おみくじ"
    End Select
End Sub
```

入力用のダイアログボックスを表示します
（InputBoxメソッドについては117ページ参照）
入力文字列が入ります
実行結果
クリック
おみくじ
1～3の中から好きな数字を入力してください。
OK
キャンセル
1
おみくじ
中吉
OK

For～Nextステートメント(1)

同じような処理を繰り返すときに使う制御文の１つに、For～Next ステートメントがあります。

For～Nextステートメントとは?

繰り返す回数を指定して処理を行いたい場合には、**For～Next**（フォー　ネクスト）ステートメントを使います。**カウンタ**という変数をあらかじめ用意して、その範囲を指定することで、繰り返す回数を決定します。

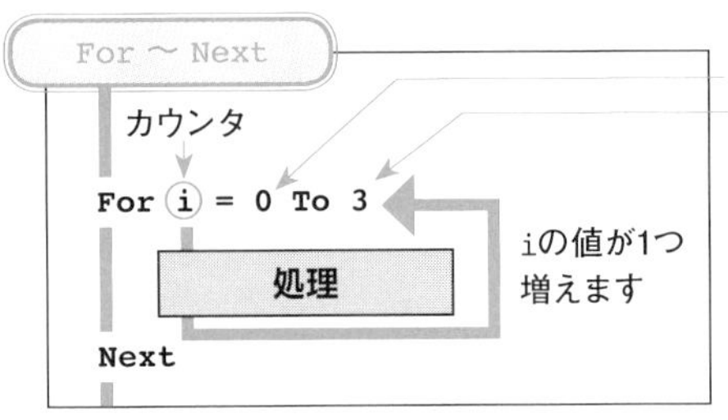
For ～ Next
カウンタ
For i = 0 To 3
処理
Next
カウンタの初期値を指定します
カウンタの最大値を指定します
iの値が1つ
増えます

iの初期値を0として、1つずつ値を増やしていき、3までのあいだは処理を繰り返し実行します

繰り返しのことを**ループ**といいます。

例

```
Sub Select3()
    Dim i As Integer
    For i = 1 To 3
        MsgBox "羊が" & i & "匹", , "カウント"
    Next
End Sub
```

処理の順序

変数iに1を代入(i = 1)

"羊が1匹"を表示

iを1増やす(i = 2)

"羊が2匹"を表示

iを1増やす(i = 3)

"羊が3匹"を表示

iを1増やす(i = 4)が、iが3を超えたのでループ終了

実行結果

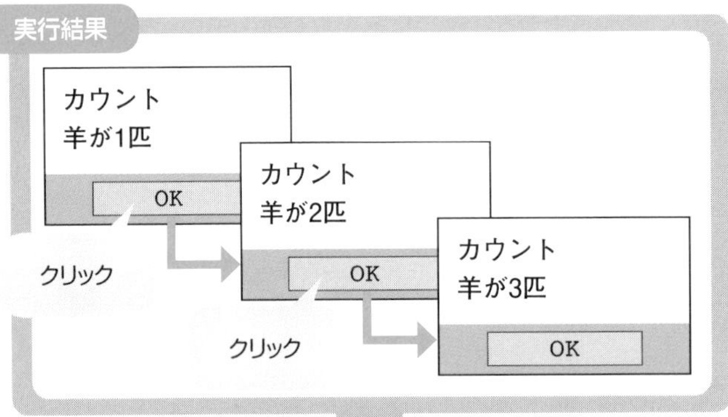
カウント
羊が1匹
OK
カウント
羊が2匹
OK
カウント
羊が3匹
OK
クリック
クリック

2重ループ

For～Nextステートメントを2つ使って、繰り返しの中に繰り返しを書くこともできます。これを**2重ループ**といいます。

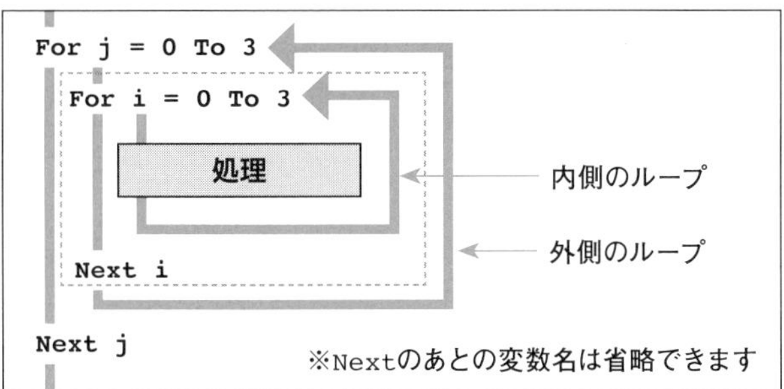
For j = 0 To 3
For i = 0 To 3
処理
内側のループ
外側のループ
Next i
Next j
※Nextのあとの変数名は省略できます

それぞれに個別のカウンタ
変数を用意します。

例

```
Sub Dual()
    Dim i As Integer, j As Integer

    For j = 1 To 2
        For i = 1 To 2
            MsgBox j & " + " & i & " = " & (j + i) _
            , , "計算"
        Next i
    Next j
End Sub
```

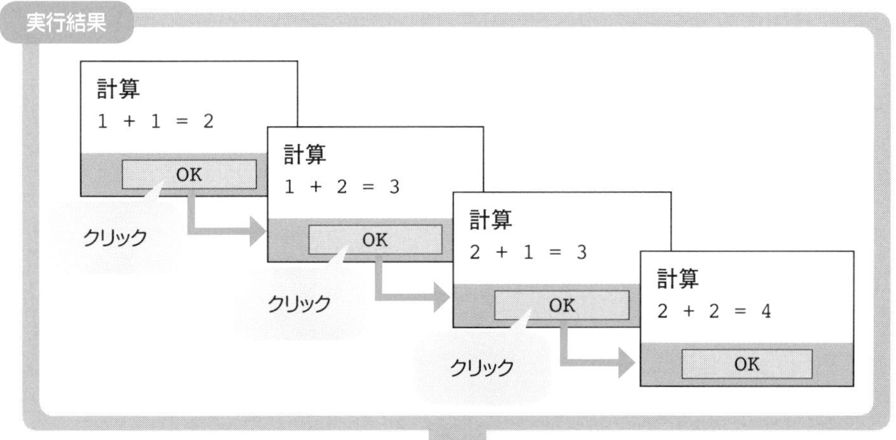
実行結果
計算
1 + 1 = 2
OK
クリック
計算
1 + 2 = 3
OK
クリック
計算
2 + 1 = 3
OK
クリック
計算
2 + 2 = 4
OK

For～Nextステートメント(2)

For ～ Next ステートメントではカウンタの増分を指定することができます。

増分の指定

特に何も指定しないとき、カウンタ変数は処理が実行されるたびに1ずつ増加していきます。次の処理へ移動する際の増分量を変化させたい場合は、**Step**を使います。

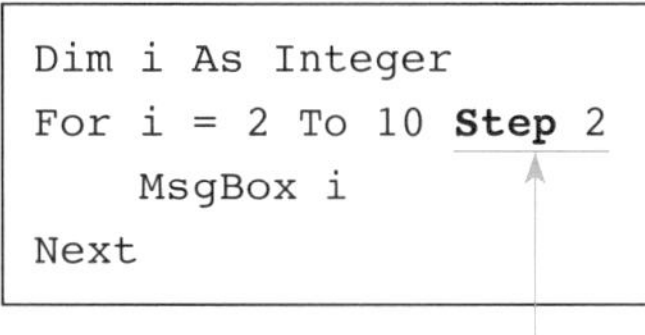

```
Dim i As Integer
For i = 2 To 10 Step 2
    MsgBox i
Next
```

カウンタの増分を指定します

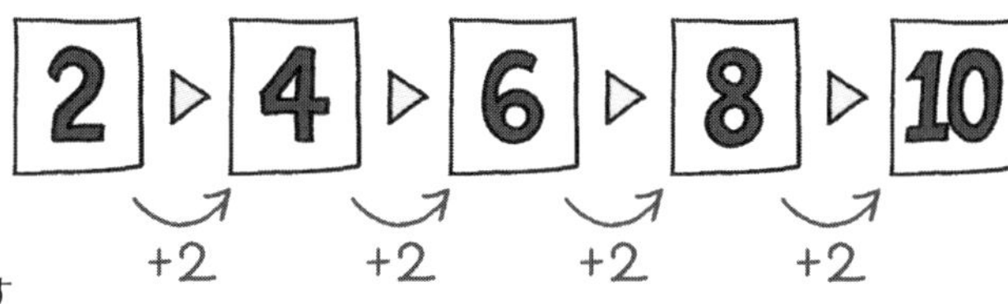
2
4
6
8
10
+2
+2
+2
+2

増分について

上の例では、カウンタが2ずつ増えていき、範囲として指定したカウンタの最大値と一致して（10）終わりますが、それ以外の例についても見ておきましょう。

≫マイナスの値を指定した場合

増分にはマイナスの値を指定することができます。この場合、カウンタ変数は減っていくことになります。

```
Dim i As Integer
For i = 10 To 2 Step -2
    MsgBox i
Next
```

2ずつ値が減っていきます

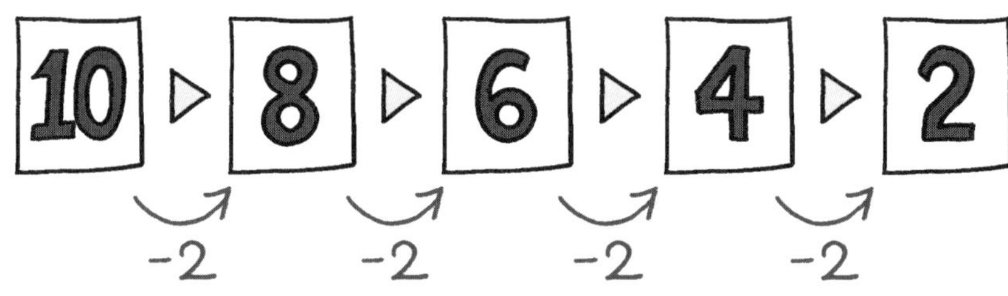
10
8
6
4
2
-2
-2
-2
-2

≫指定した終了値と一致しない場合

次のような場合は、カウンタ変数の値が指定した範囲の最大値になった時点でループを終了します。

```
Dim i As Integer
For i = 3 To 10 Step 2
    MsgBox i
Next
```

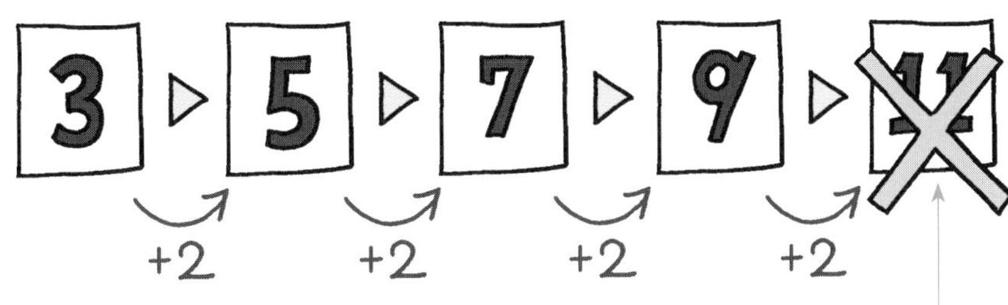

3
5
7
9
11
+2
+2
+2
+2

指定したカウンタ変数の最大値（10）を超えたので、ループを終了します

このステートメントの「To 10」とは、10以下の最大値まで、という意味です。

For Each～Nextステートメント

For Each ～ Next ステートメントも、繰り返しを行う制御文の１つです。

For Each～Nextステートメントとは?

あるオブジェクトの集まりがあって、その中のすべての要素に対して処理を行いたいときは、**For Each～Next**ステートメントを使います。各要素のオブジェクトを格納するための変数を用意しておきます。

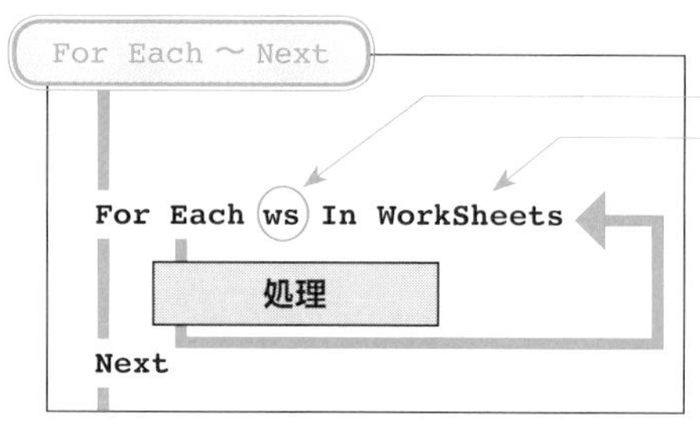
For Each ～ Next
For Each ws In WorkSheets
処理
Next

オブジェクトを格納する変数を指定します

オブジェクトの集まり（コレクション）を指定します

変数wsには未処理の要素がなくなるまで、WorkSheetsオブジェクトの要素が順に格納されます。

要素の個数を考える必要はありません。

例

```
Sub ShowSheetName()
    Dim ws As WorkSheet
    For Each ws In WorkSheets
        MsgBox ws.Name, , "ワークシート名"
    Next
End Sub
```

処理の順序

- 変数wsに1枚目のシートを格納
- 1枚目のシート名"Sheet1"を表示
- 変数wsに2枚目のシートを格納
- 2枚目のシート名"Sheet2"を表示
- WorkSheetsコレクションに未処理の要素がなくなったので、ループ終了

実行結果

ワークシート名
Sheet1
OK

クリック

ワークシート名
Sheet2
OK

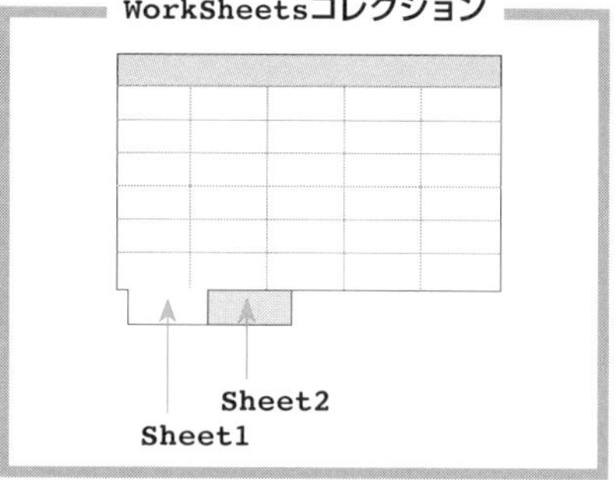
WorkSheetsコレクション
Sheet2
Sheet1

※この例では、WorkSheetsコレクションに2枚のワークシートがあるものとします

2重ループ

For～Nextの場合と同じく、For Each～Nextステートメントを2つ使って、繰り返しの中に繰り返しを書くこともできます。

例

```
Sub Dual()
    Dim wb As WorkBook
    Dim ws As WorkSheet

    For Each wb In WorkBooks
        For Each ws In wb.WorkSheets
            MsgBox ws.Name, , wb.Name & "のシート名"
        Next
    Next
End Sub
```

実行結果

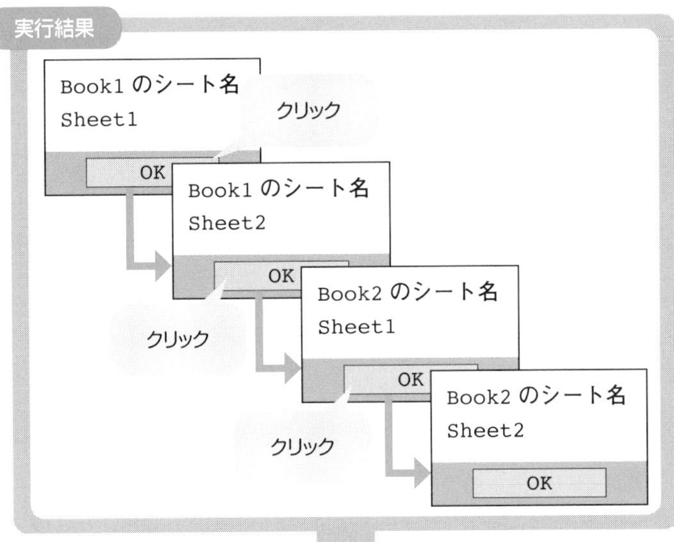

Book1 のシート名
Sheet1
OK
クリック
Book1 のシート名
Sheet2
OK
クリック
Book2 のシート名
Sheet1
OK
クリック
Book2 のシート名
Sheet2
OK

内側のループでは、変数wbに格納されたブック内の各ワークシートに対して処理を行います。

WorkBooksコレクション

Book1　Sheet1　Sheet2

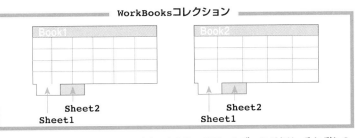

Book2　Sheet1　Sheet2

※この例では、WorkBooksコレクションに2つのワークブックがあり、それぞれのワークブックには、2枚ずつワークシートがあるものとします

Do～Loopステートメント(1)

繰り返しを行う回数があらかじめ決まっていないときは、Do ～ Loop ステートメントを使います。

Do～Loopステートメントとは?

Do～Loop（ドゥ ループ）ステートメントとは、ある条件が成立しているあいだ、もしくはある条件が成立するまでのあいだ処理を繰り返す制御文です。

80点以上とれるまで
追試!!

条件が成立する限り繰り返す

ある条件が成立しているあいだ繰り返しを実行するには、**While**（ホワイル）というキーワードを使います。

»Do While～Loop（ドゥ ホワイル ループ）ステートメント

ループの先頭に条件式を記述します。処理よりも先に条件を評価するので、最初の回で条件が成立しなければ処理を一度も実行しません。

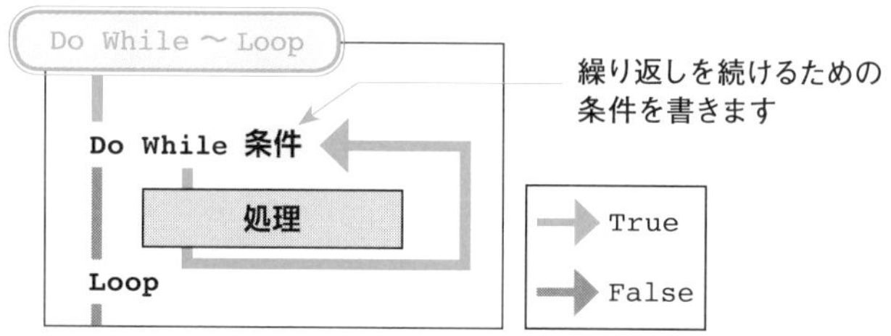
Do While ～ Loop
繰り返しを続けるための
条件を書きます
Do While 条件
処理
Loop
True
False

処理の前に条件を評価します
（最初から条件が成立しない場合、処理は一度も実行されません）

≫Do〜Loop Whileステートメント

ループの末尾に条件式を記述します。処理のあとに条件を評価するので、必ず一度は処理を実行します。

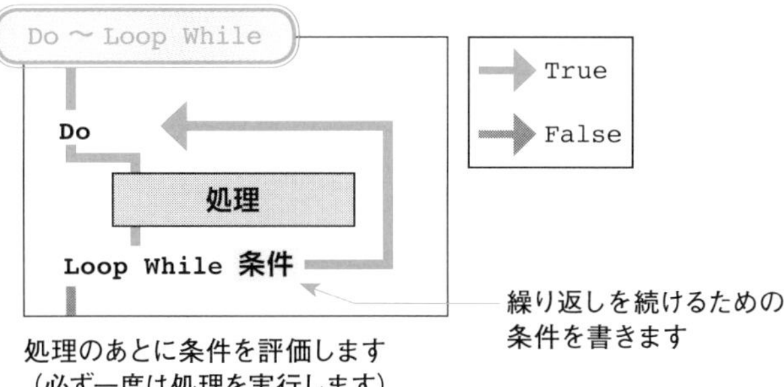

Do 〜 Loop While
True
False
Do
処理
Loop While 条件
繰り返しを続けるための
条件を書きます
処理のあとに条件を評価します
（必ず一度は処理を実行します）

例

```
Sub Repeat()
    Dim i As Integer
    Dim a As Integer, b As Integer
    a = 5
    b = 5

    Do While a < 0
        a = a + 1
    Loop

    Do
        b = b + 1
    Loop While b < 7

    MsgBox "a = " & a & "  b = " & b, , "結果"
End Sub
```

a < 0ではないので処理は行われません

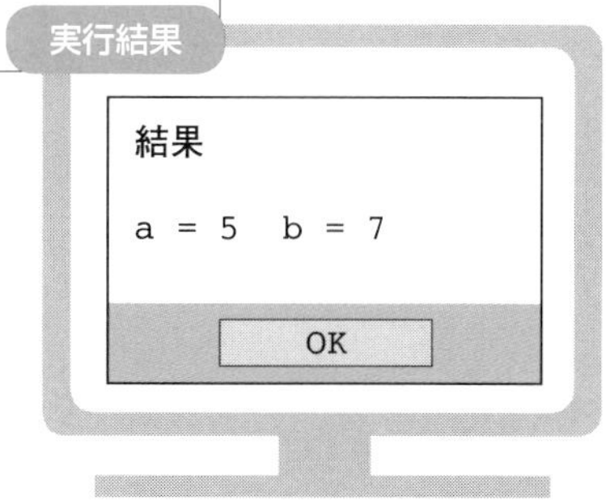

実行結果

結果

a = 5　b = 7

OK

1 マクロ　2 VBAプログラミングの基礎　3 演算子　4 関数とプロシージャ　5 制御文　6 Excelオブジェクトの基礎　7 Excelオブジェクトの実践　8 コントロールとフォーム　9 付録

Do～Loopステートメント(2)

Do ～ Loop ステートメントを使って、指定した条件が満たされるまで処理を繰り返す方法を紹介します。

条件が成立するまで繰り返す

ある条件が成立するまで繰り返しを実行するには、**Until**（アンティル）というキーワードを使います。

≫Do Until～Loop（ドゥ アンティル ループ）ステートメント

ループの先頭に条件式を記述します。処理よりも先に条件を評価するので、最初の回で条件が成立すれば処理を一度も実行しません。

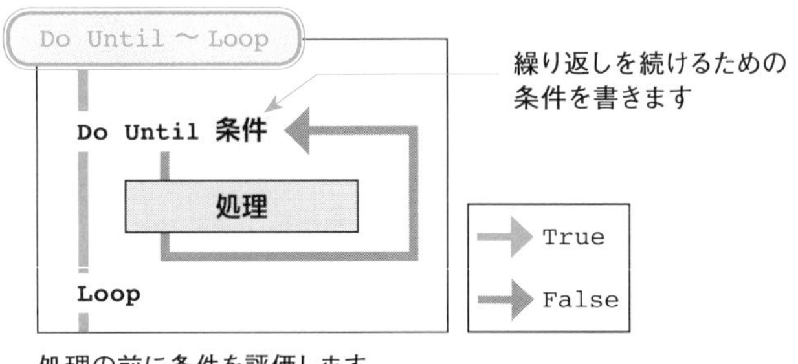
Do Until ～ Loop
Do Until 条件
処理
Loop
繰り返しを続けるための
条件を書きます
True
False

処理の前に条件を評価します
（最初から条件が成立する場合、処理は一度も実行されません）

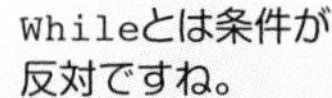
Whileとは条件が
反対ですね。

≫Do～Loop Until（ドゥ ループ アンティル）ステートメント

ループの末尾に条件式を記述します。処理のあとに条件を評価するので、必ず一度は処理を実行します。

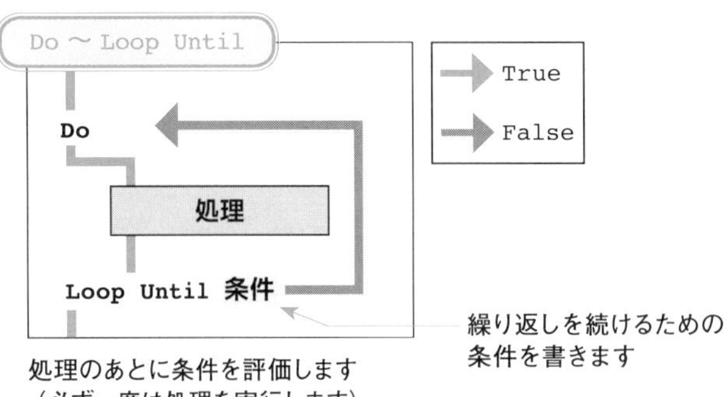
Do ～ Loop Until
Do
処理
Loop Until 条件
True
False
繰り返しを続けるための
条件を書きます

処理のあとに条件を評価します
（必ず一度は処理を実行します）

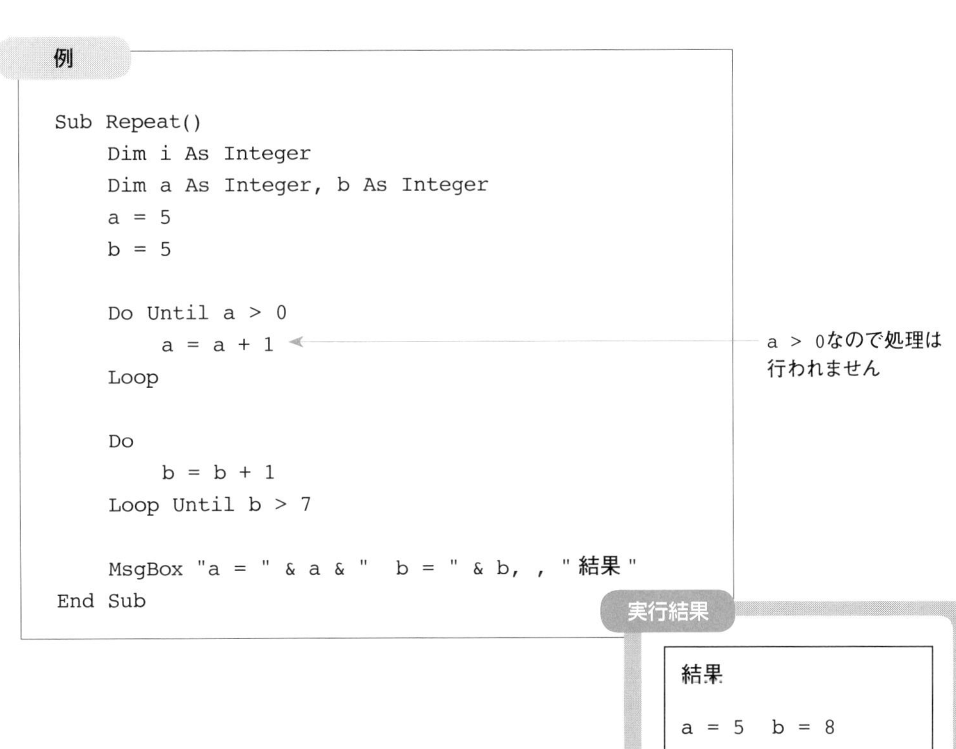

例

```
Sub Repeat()
    Dim i As Integer
    Dim a As Integer, b As Integer
    a = 5
    b = 5

    Do Until a > 0
        a = a + 1
    Loop

    Do
        b = b + 1
    Loop Until b > 7

    MsgBox "a = " & a & "  b = " & b, , "結果"
End Sub
```

a > 0なので処理は行われません

実行結果
結果
a = 5 b = 8
OK

Do～Loopステートメントは、処理の実行方法が、4種類あります。

ループからの脱出

繰り返しの処理から抜け出す方法を正しく理解しておかないと、不具合の原因にもなります。

ループを強制的に抜ける

For～NextステートメントやDo～Loopステートメントなどの繰り返し（ループ）を途中で中断するには、**Exit**（イグジット）ステートメントを使います。処理がExitステートメントにくると、ループを抜けて次のステートメントに移動します。

≫Exit Forステートメント

Exit Forステートメントは、For～Nextステートメントを抜けるときに使います。

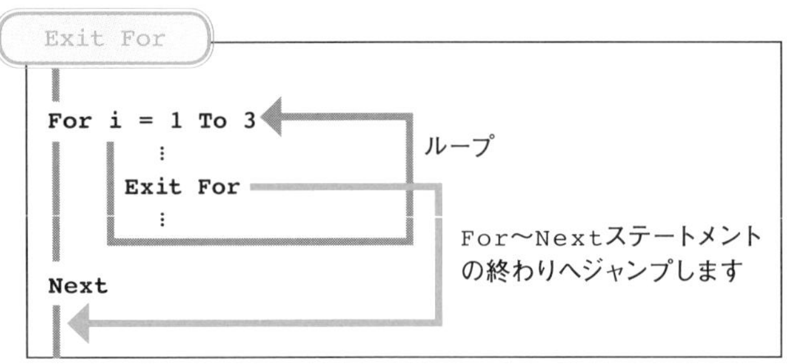
Exit For
For i = 1 To 3
Exit For
Next
ループ
For～Nextステートメントの終わりへジャンプします

入れ子になっているときは、1つ外側の繰り返しに移動します。

≫Exit Doステートメント

Exit Doステートメントは、Do～Loopステートメントを抜けるときに使います。

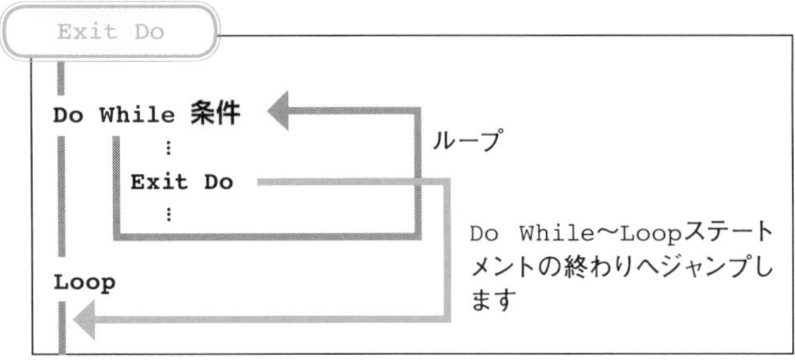
Exit Do
Do While 条件
Exit Do
Loop
ループ
Do While～Loopステートメントの終わりへジャンプします

例

```
Sub Continue()
    Dim a As Integer
    Dim b As Integer
    b = 1

    For a = 0 To 5
        If (a + b) = 3 Then
            MsgBox "終了します。", , "終了"
            Exit For
        End If
        MsgBox a & " + " & b & " = " & (a + b), , "結果"
    Next
End Sub
```

a + b = 3のときは終了します

実行結果

結果
0 + 1 = 1
OK

クリック

結果
1 + 1 = 2
OK

クリック

終了
終了します。
OK

無限ループに注意

処理を実行する回数が決まっていないDo〜Loopステートメントのような制御文は、誤った条件を指定してしまうと処理を永久に繰り返してしまいます。これを**無限ループ**といい、プログラムの**バグ**（不具合）の1つです。
条件と繰り返し処理の内容に注意して、無限ループにならないようにしましょう。

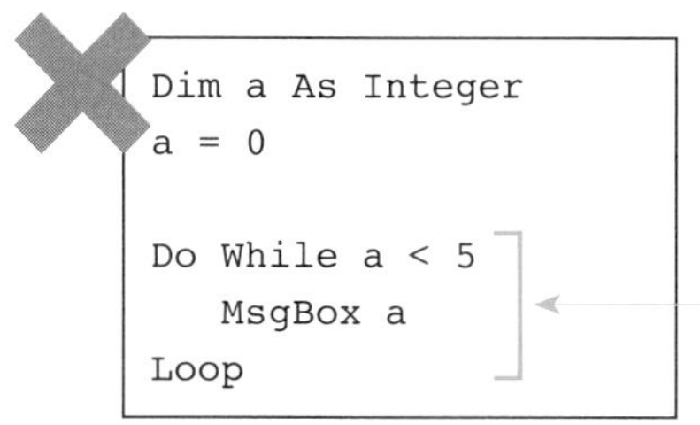

```
Dim a As Integer
a = 0

Do While a < 5
   MsgBox a
Loop
```

注意

a = a + 1などとしてaを増やすところを、記述しませんでした。これではaの値は変わらないので、無限ループになってしまいます

無限ループは、
[Ctrl]キー+[Break]キーで中断できますが、
こまめな保存も心がけましょう

GoToステートメント

Exit For、Exit Do ステートメントはループを抜ける制御文でしたが、同じようなものに GoTo ステートメントというものがあります。

GoToステートメント

GoTo(ゴートゥ)ステートメントは、指定した場所にジャンプする制御文です。この制御文を使うと、処理の流れを自由に変えることができます。Gotoステートメントは次のようにして使います。

```
GoTo 行ラベル
    処理 1
行ラベル :
    処理 2
```

GoToステートメントでどこの行ラベルに飛びたいか指定します

ジャンプできるのは同じプロシージャ内だけです

例

```
Sub GoToSample()
    Dim a As Double
    a = InputBox(" 直径を入力してください ")

    If a > 0 Then
      GoTo label1
    Else
      End
    End If

label1:
   a = a * 3.14
   MsgBox " 円周は " & a & " です。"
End Sub
```

入力された数値が0より大きい場合は、label1:に処理が移動します
0以下の場合は、処理を終了します

Endについてはコラム(104ページ)を参照してください。

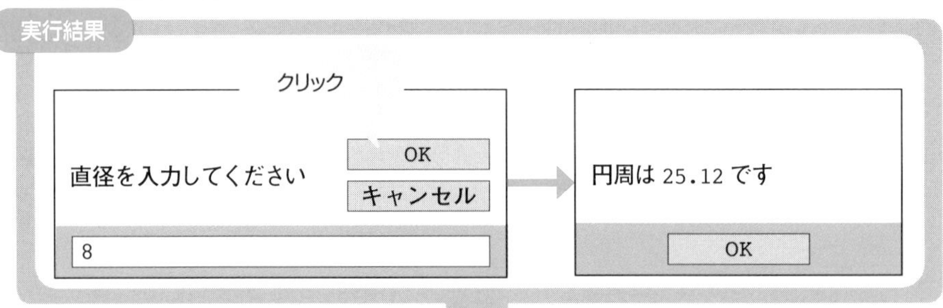
実行結果
クリック
直径を入力してください
OK
キャンセル
8
円周は 25.12 です
OK

GoToステートメントの短所

自由に処理を変えられるGoToステートメントは便利なものに見えますが、「プログラムの流れがわかりづらくなる」という大きな短所があります。

〈GoToを使った制御の例〉

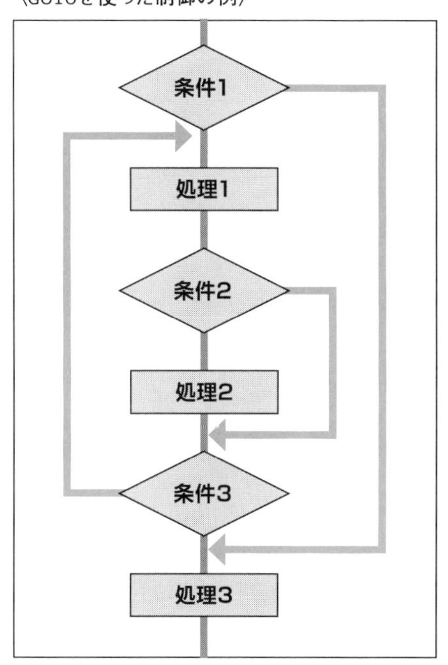

条件1
処理1
条件2
処理2
条件3
処理3

どの順番で処理されているのか調べるだけで大変です。

プログラムの混乱を避けるため、GoToステートメントの使用は極力避けたほうがよいでしょう。代わりに78～95ページの制御文を使うと、より読みやすいプログラムを作成できます。

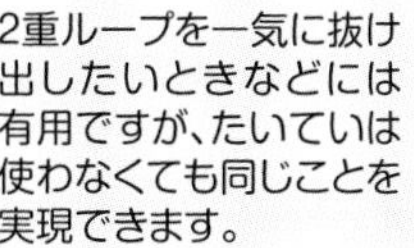

2重ループを一気に抜け出したいときなどには有用ですが、たいていは使わなくても同じことを実現できます。

エラー対応（1）

プログラムを実行するとエラーが起こることがあります。こうしたエラーに対応することを、エラー処理といいます。

実行時エラー

文法が間違っていなければ、プログラムを実行することはできますが、プログラムの処理内容が間違っていると、実行時にエラーとなってしまう場合があります。

実行
エラー
プログラム終了

処理が止まって
しまいます。

≫エラーメッセージ

VBAでは、実行時にエラーが発生すると、次のようなエラーメッセージを表示してプロシージャの実行を停止します。

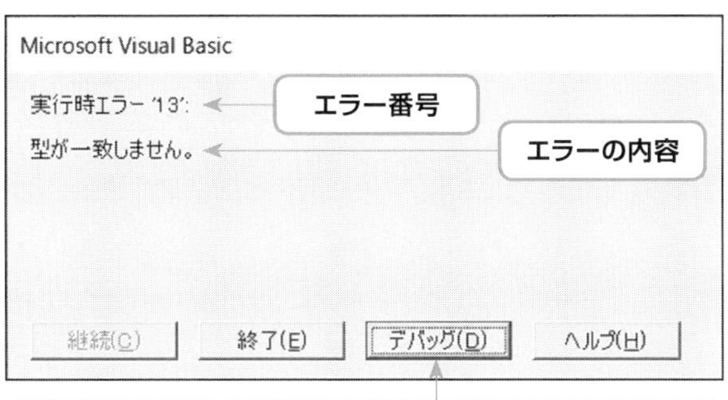
Microsoft Visual Basic
実行時エラー '13':
エラー番号
型が一致しません。
エラーの内容
継続(C)
終了(E)
デバッグ(D)
ヘルプ(H)

[デバッグボタン]
エラーメッセージの[デバッグ]ボタンをクリックすると、VBEにエラーが発生した場所が黄色く塗りつぶされて表示されます

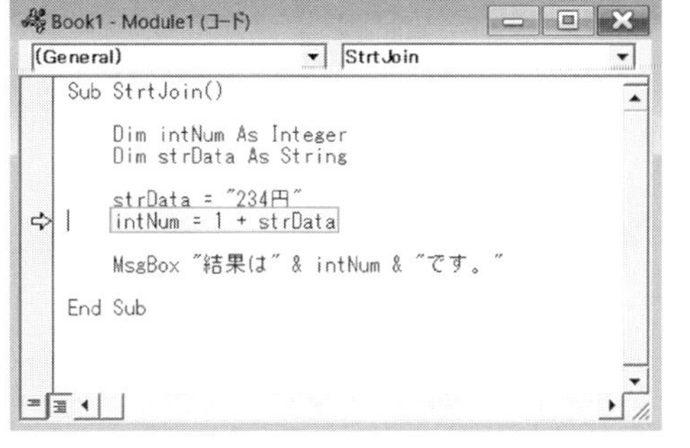
Book1 - Module1 (コード)
(General)
StrtJoin
Sub StrtJoin()
Dim intNum As Integer
Dim strData As String
strData = "234円"
intNum = 1 + strData
MsgBox "結果は" & intNum & "です。"
End Sub

エラー処理

エラーが発生した場合の処理を記述することを、**エラー処理**といいます。エラー処理を行っておくと、エラーによるプロシージャの停止を防ぐことができます。

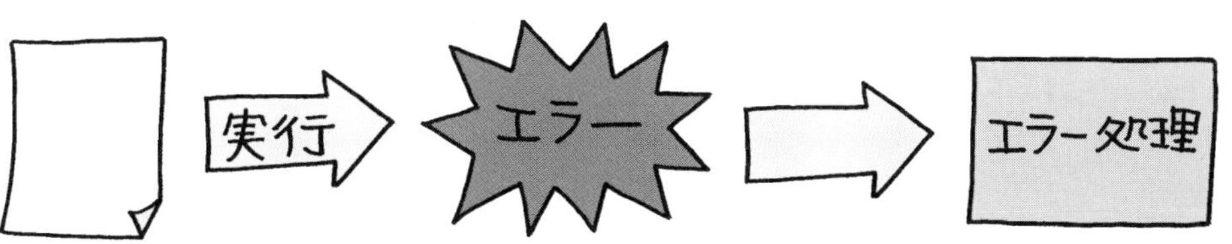
実行
エラー
エラー処理

1 マクロ
2 VBAプログラミングの基礎
3 演算子
4 関数とプロシージャ

5 制御文

6 Excelオブジェクトの基礎
7 Excelオブジェクトの実践
8 コントロールとフォーム
9 付録

エラー対応(2)

エラーを処理する方法として、On Error ステートメントを紹介します。

On Errorステートメント

エラー処理には、**On Error**（オン エラー）ステートメントを使います。On Errorステートメントには、次の2つのバリエーションがあります。

≫On Error Resume Next ステートメント

エラーが発生した場合、次の行から実行を再開します。

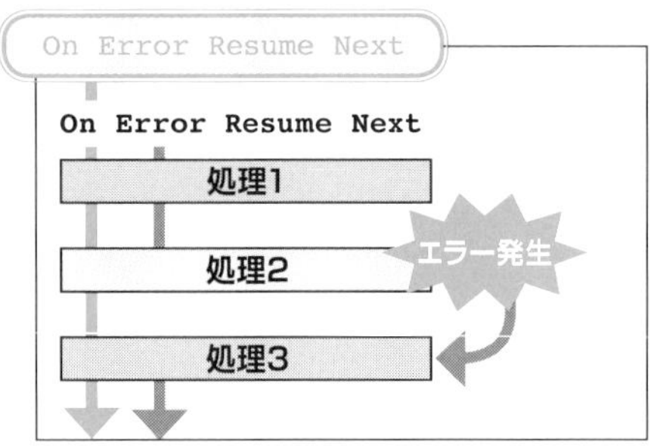

On Error Resume Next
On Error Resume Next
処理1
処理2
エラー発生
処理3

エラーが発生しても
プロシージャを停止
しません

エラーが発生しなかった場合
エラーが発生した場合

≫On Error GoTo ステートメント

エラーが発生した場合に特別な処理を行わせたいときは、その処理に行ラベルを付けて、GoToのあとに行ラベルを指定します。Resumeで再開位置を指定することもできます。

On Error GoTo
On Error GoTo Err
処理1
処理2
エラー発生
処理3
Exit:
終了処理
Err:
エラー発生時の処理
Resume Exit

エラー発生時に移動する行ラベル

「On Error GoTo 0」と書くと、エラー処理を解除できます。

エラーが発生しなかった場合
エラーが発生した場合

実行を再開する行ラベル

例

```
Sub OnError()

    Dim a As Integer, b As Integer, c As Integer
    a = 0
    b = 1

    On Error Resume Next
    c = b ¥ a

    MsgBox " プログラムの実行を継続します。"

    On Error GoTo Err
    c = b ¥ a

    Exit Sub

Err:
    MsgBox " 飛び先でエラー処理を行います。"

End Sub
```

- On Error Resume Next：エラーを無視し、次の行から実行を再開します
- c = b ¥ a：0で割っているためエラーになります
- On Error GoTo Err：指定した場所(Err)に移動します
- Exit Sub：エラーがないときに次の行に進まないように、ここでSubプロシージャを抜けます

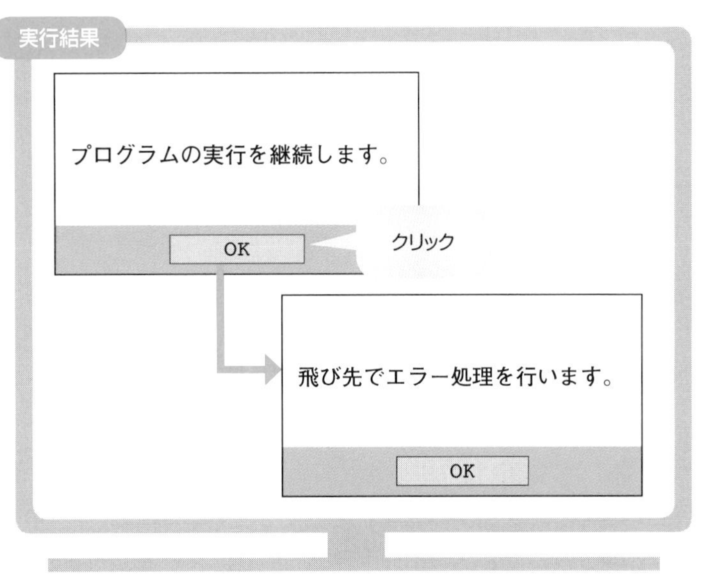
実行結果
プログラムの実行を継続します。
OK
クリック
飛び先でエラー処理を行います。
OK

サンプルプログラム

●数当てゲーム

あらかじめ答えの数字を決めておき、その数字を当てるゲームを作成しましょう。入力した数字と答えの数字を比較して、ヒントを表示します。

ソースコード

```
Sub NumberGame()
    Dim a As String   '入力した文字
    Dim b As Integer '正解
    Dim i As Integer '回数
    b = 7
    i = 0

    a = InputBox("数当てゲーム！ 1から9までの数字を入力してください。")

    Do While a <> ""
        i = i + 1

        If Val(a) = b Then
            MsgBox "正解！" & i & "回目で正解しました。"
            Exit Do
        ElseIf 1 <= Val(a) And Val(a) <= 9 Then
            If Val(a) > b Then
                a = InputBox("もっと小さい数です。")
            Else
                a = InputBox("もっと大きい数です。")
            End If
        Else
            a = InputBox("入力が間違っています。")
        End If
    Loop
End Sub
```

［キャンセル］ボタンクリック時や、未入力の場合は終了します

実行結果

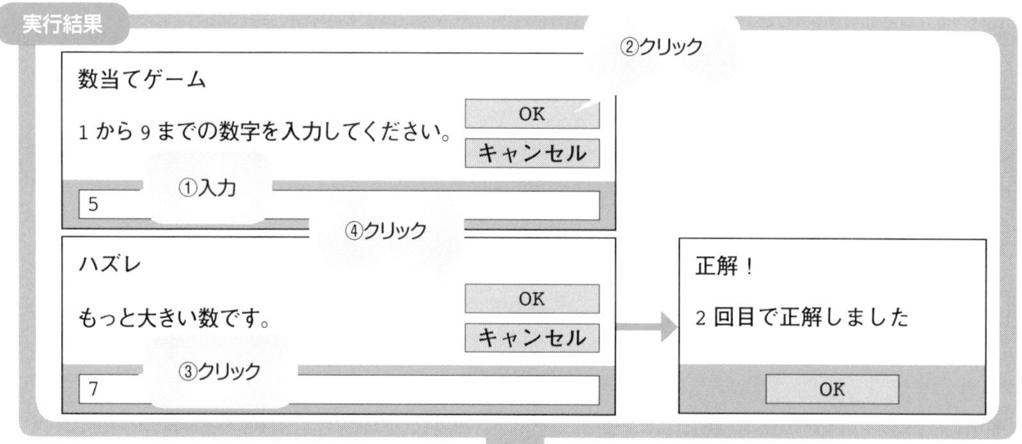

②クリック
数当てゲーム
1から9までの数字を入力してください。
OK
キャンセル
①入力
5
④クリック
ハズレ
もっと大きい数です。
OK
キャンセル
③クリック
7
正解！
2回目で正解しました
OK

●西暦から和暦を求める

1990などの西暦の値を入力すると、平成2年のような和暦に変換するプログラムを作ります。

ソースコード

```
Sub ChangeYear()
    Dim wyear As String, jyear As String, gengo As String
    Dim str As String

    str = "西暦を和暦に変換します。" & _
        vbCr & "西暦を入力してください（1868-2070）。"
    wyear = InputBox(str, "入力")
    gengo = ""

    If 1868 <= wyear And wyear <= 1911 Then
        gengo = "明治"
        jyear = wyear - 1868 + 1
    ElseIf 1912 <= wyear And wyear <= 1925 Then
        gengo = "大正"
        jyear = wyear - 1912 + 1
    ElseIf 1926 <= wyear And wyear <= 1988 Then
        gengo = "昭和"
        jyear = wyear - 1926 + 1
    ElseIf 1989 <= wyear And wyear <= 2018 Then
        gengo = "平成"
        jyear = wyear - 1989 + 1
    ElseIf 2019 <= wyear And wyear <= 2070 Then
        gengo = "令和"
        jyear = wyear - 2019 + 1
    End If

    If gengo <> "" Then
        MsgBox "西暦" & wyear & "年は、" & gengo & jyear & "年です。", , "結果"
    Else
    End If
End Sub
```

実行結果

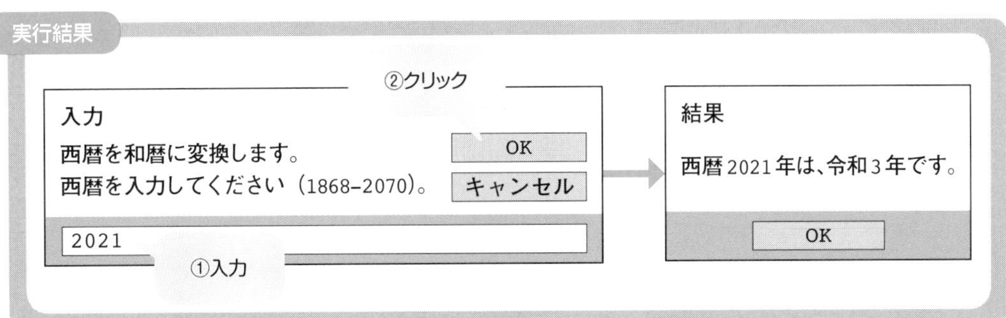

②クリック
入力
西暦を和暦に変換します。
西暦を入力してください（1868-2070）。
OK
キャンセル
2021
①入力
結果
西暦2021年は、令和3年です。
OK

COLUMN

～Exit Sub(Function)とEnd～

94ページでは、繰り返し（ループ）の処理から抜けるためのステートメントとして、Exit ForステートメントやExit Doステートメントを紹介しましたが、Exitステートメントは実行中のプロシージャを抜ける場合にも利用されます。それがタイトルのExit SubステートメントやExit Functionステートメントです。

Exit Subは、このステートメントのあるSubプロシージャを抜けるときに、Exit Functionは、このステートメントのあるFunctionプロシージャを抜けるときに使います。下のサンプルは、Subプロシージャを抜ける例です。

```
Sub ExitSample()
    Dim a As Integer
    a = InputBox("数値を入力してください")

    MsgBox a & "ですね"
    If Val(a) = 1 Then
        Exit Sub
    End If

    MsgBox "1以外なら表示されます。"
End Sub
```

1が入力されたときは、メッセージボックスを表示して、このプロシージャを抜けます この下の処理は実行しません

1以外のときは処理を続け、メッセージボックスを表示します

これに対し、Endステートメントは実行中の処理を完全に終了させるためのステートメントです。プロシージャ中の任意の場所に指定して、その時点で処理を終わらせることができます。

```
Sub EndSample()
    Dim a As Integer
    a = InputBox("数値を入力してください")

    MsgBox a & "ですね"

    End

    MsgBox "終了したので表示されません。"
End Sub
```

実行中の処理を終了します 次のメッセージボックスは実行されませんし、プロシージャの呼び出し元に処理が戻ることもありません

6

Excelオブジェクトの基礎

第6章は
ここがKey

オブジェクト、プロパティ、メソッド

第6章では、オブジェクトについて紹介していきます。VBAの世界では、Excelのシートやセルのような、操作の対象となるもののことを**オブジェクト**といいます。また、複数の同じオブジェクトが集まって**コレクション**になっているものもあります。

たとえば、「しおりAさんにリボンを結ぶ」「しおりBさんにリボンを結ぶ」で考えることにしましょう。このときオブジェクトは、作業の対象物である「Aさん」「Bさん」です。そして、「しおりコレクション」は「Aさん」「Bさん」を合わせたものというイメージです。

オブジェクトには**プロパティ**と**メソッド**というものが備わっています。プロパティはオブジェクトの特徴や性質のことで、メソッドはオブジェクトの動作や操作のことです。先ほどの「リボンを結ぶ」の例でいうと、プロパティは「リボンがある」または「リボンがない」といったリボンの有無のことで、「リボンを結ぶ」がメソッドになります。

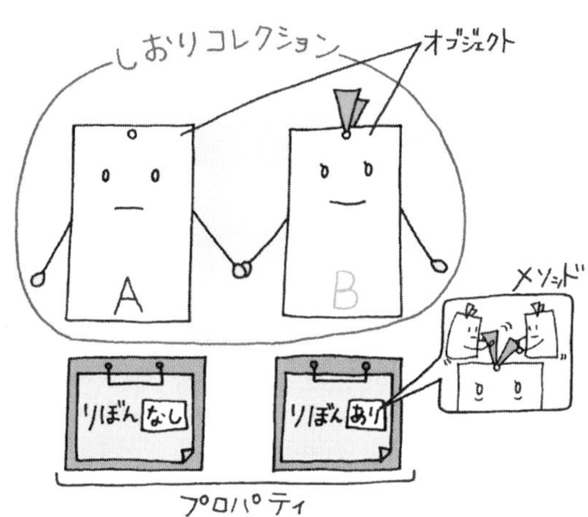
しおりコレクション
オブジェクト
A
B
メソッド
りぼん なし
りぼん あり
プロパティ

VBEのプロジェクトエクスプローラには、プロジェクトに含まれるオブジェクトが表示されています。これまでコードを記述してきたモジュールもオブジェクトです。また、プロパティウィンドウには選択したオブジェクトのプロパティが表示されます。

イベントってなんだろう？

オブジェクトがどういうものなのか、なんとなくイメージがわいてきましたか？それでは、次のお話はイベントについてです。

Excelを普通に使っているとき、セルをクリックしても何も起きません。しかし、VBAの視点から見てみると、ちょっと事情が違います。オブジェクトに対して操作や処理を行うと、アプリケーション内部では**イベント**というものが発生します。イベントが発生すると、それに関連付けられているプロシージャが実行されます（プロシージャが関連付けられていないイベントもあります）。このようにして実行されるプロシージャのことを、**イベントプロシージャ**といいます。イベントプロシージャを自分で作成して、イベントが発生したときに処理を行わせることもできます。

この章では、概念や記述方法といった基本的なことを紹介します。具体的なオブジェクトについては、第7章で紹介しますので、まずはしっかりとイメージを固めましょう。

Excelのオブジェクト

オブジェクトとはどのようなものか見ていきましょう。

オブジェクトとコレクション

オブジェクトとは、操作の対象となるもののことです。Excelではワークブックやワークシートなどがオブジェクトにあたります。
また、いくつかの同じオブジェクトを**コレクション**（38ページ）にして、ひとまとめに扱えるようにしたものもあります。

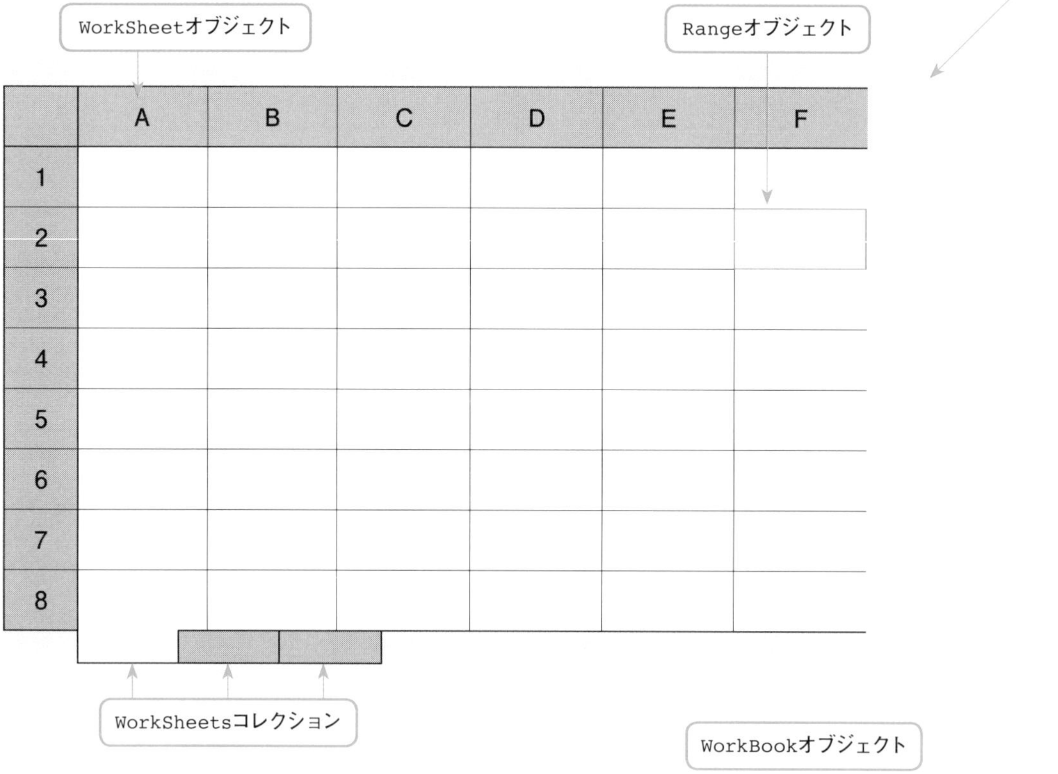

WorkSheetオブジェクト
Rangeオブジェクト
A
B
C
D
E
F
1
2
3
4
5
6
7
8
WorkSheetsコレクション
WorkBookオブジェクト

Rangeオブジェクトは、セル範囲を表すオブジェクトです。もちろん単体のセルも含みます。

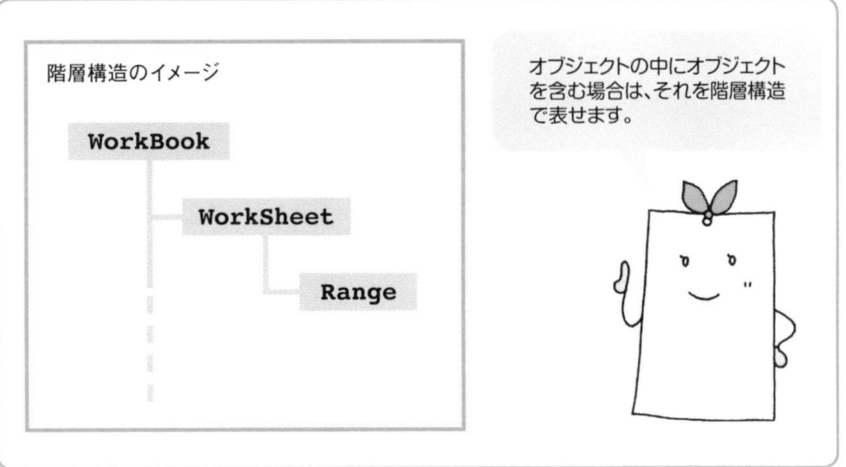
階層構造のイメージ
WorkBook
WorkSheet
Range
オブジェクトの中にオブジェクトを含む場合は、それを階層構造で表せます。

VBAで操作できる主なオブジェクト

ExcelのVBAでは、主に次のようなオブジェクトを操作できます。

オブジェクト	VBAのオブジェクト・コレクション
セル	Cell オブジェクト Cells コレクション Range オブジェクト
シート	Sheet オブジェクト Sheets コレクション
ワークシート	Worksheet オブジェクト Worksheets コレクション
グラフ	Chart オブジェクト Charts コレクション
ワークブック	Workbook オブジェクト Workbooks コレクション
ユーザーフォーム	UserForm オブジェクト
アプリケーション	Application オブジェクト

オブジェクトの代入

オブジェクトの代入について見ておきましょう。

オブジェクトを変数に代入

オブジェクトは変数に代入することができます。その場合、数値や文字列の代入とは異なり、**Set（セット）ステートメント**を使って変数とオブジェクトを関連付けます。

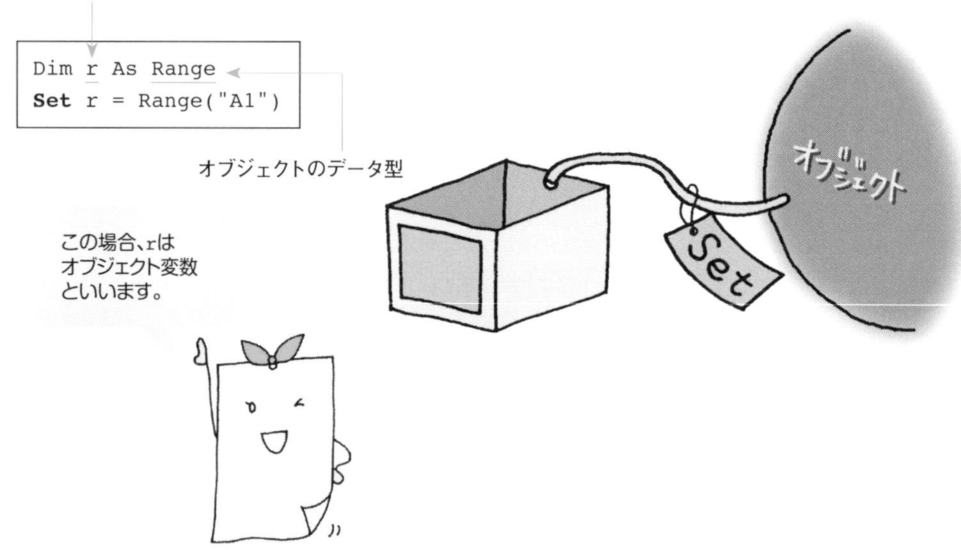

オブジェクトを代入する変数名
Dim r As Range
Set r = Range("A1")
オブジェクトのデータ型
この場合、rは
オブジェクト変数
といいます。
オブジェクト
Set

例

```
Sub ObjTest()
    Dim r As Range
    Set r = Range("A1")
    MsgBox r.Value
End Sub
```

実行結果

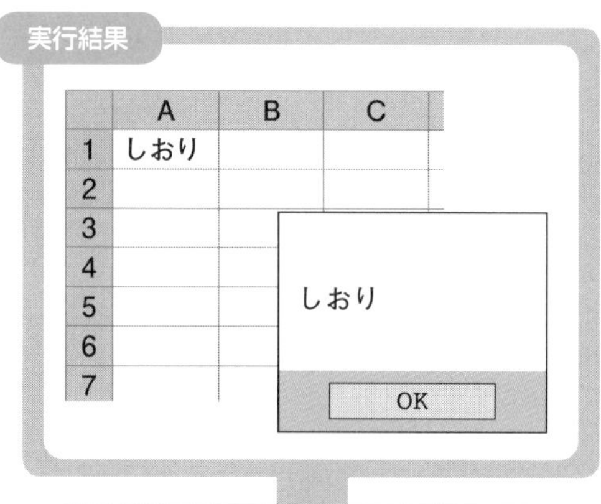

A
B
C
1
しおり
2
3
4
5
6
7
しおり
OK

Object型の変数に代入

オブジェクトは、Object型の変数に代入することもできます。Object型には、すべてのオブジェクトを代入できます。

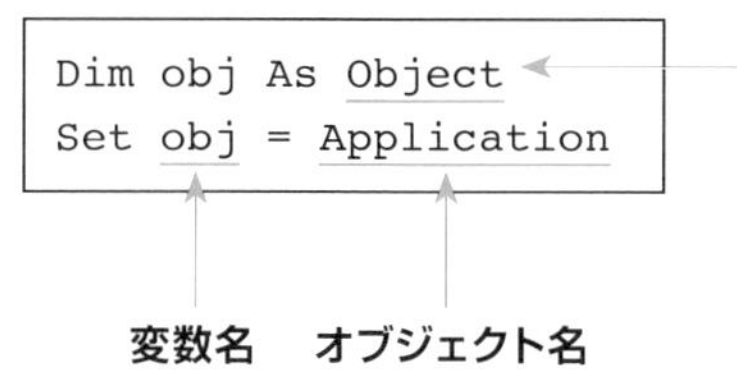

```
Dim obj As Object
Set obj = Application
```

変数名
オブジェクト名
オブジェクト型
どのようなオブジェクトでも代入できます

関連付けを無効にする

変数とオブジェクトの関連付けを無効にしたい場合は、**Nothing**（ナッシング）キーワードを代入します。

```
Set obj = Nothing
```

Nothing
オブジェクト

プロパティ

オブジェクトの特徴や性質を表すプロパティを紹介します。

プロパティとは?

プロパティとは、オブジェクトの状態や属性のことです。

オブジェクト

プロパティの値

プロパティは、その値を取得、設定できます。また、値の取得はできても、設定はできないというプロパティもあります。

≫プロパティの取得

オブジェクトやコレクションのプロパティを参照するには、「.(ピリオド)」を使って次のように記述します。

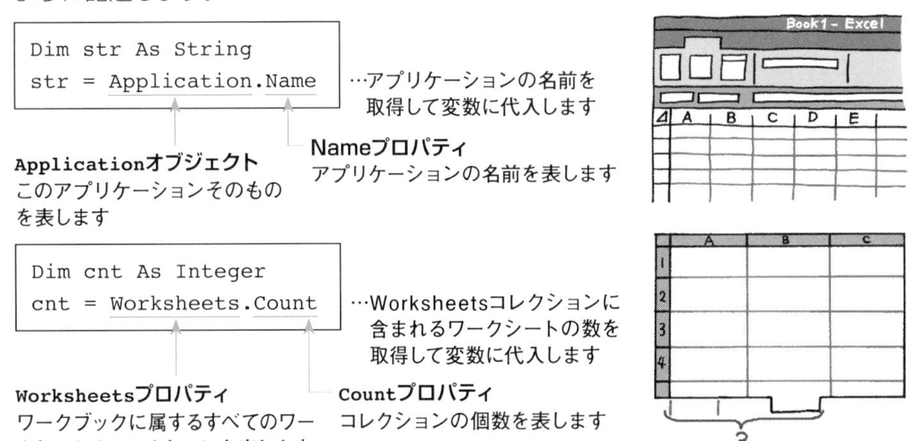

```
Dim str As String
str = Application.Name
```

…アプリケーションの名前を取得して変数に代入します
Applicationオブジェクト
このアプリケーションそのものを表します
Nameプロパティ
アプリケーションの名前を表します
Book1 - Excel
A
B
C
D
E

```
Dim cnt As Integer
cnt = Worksheets.Count
```

…Worksheetsコレクションに含まれるワークシートの数を取得して変数に代入します
Worksheetsプロパティ
ワークブックに属するすべてのワークシートのコレクションを表します
Countプロパティ
コレクションの個数を表します
A
B
C
1
2
3
4
3

≫オブジェクトを返すプロパティ

プロパティには、オブジェクトやコレクションを値として持っているものもあります。次のようにすると、取得したオブジェクトやコレクションのプロパティを参照できます。

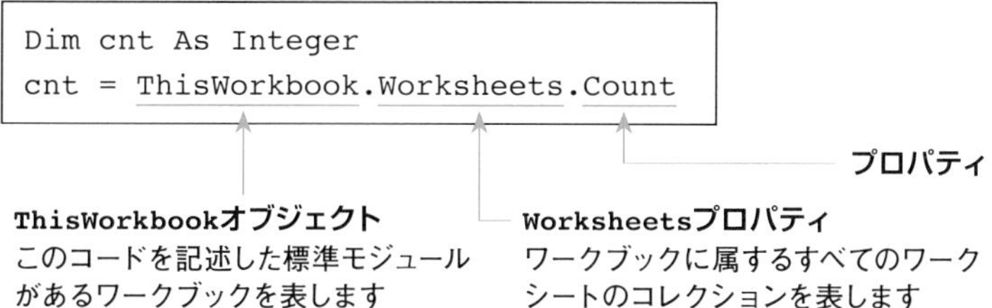

Dim cnt As Integer
cnt = ThisWorkbook.Worksheets.Count
プロパティ
ThisWorkbookオブジェクト
このコードを記述した標準モジュールがあるワークブックを表します
Worksheetsプロパティ
ワークブックに属するすべてのワークシートのコレクションを表します

≫プロパティの設定

オブジェクトやコレクションのプロパティに値を設定するには、次のようにします。

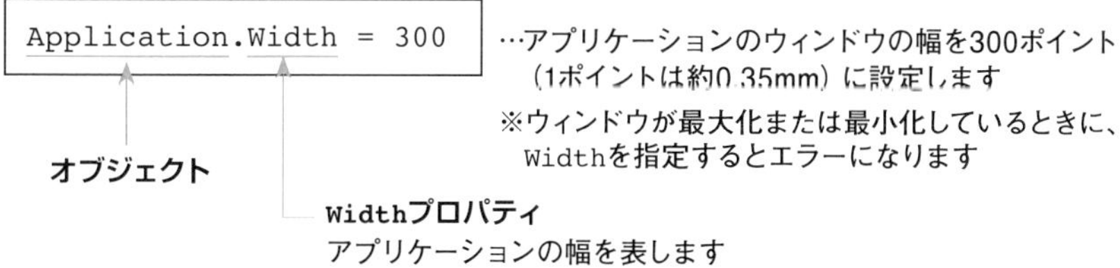

Application.Width = 300
…アプリケーションのウィンドウの幅を300ポイント（1ポイントは約0.35mm）に設定します
※ウィンドウが最大化または最小化しているときに、Widthを指定するとエラーになります
オブジェクト
Widthプロパティ
アプリケーションの幅を表します

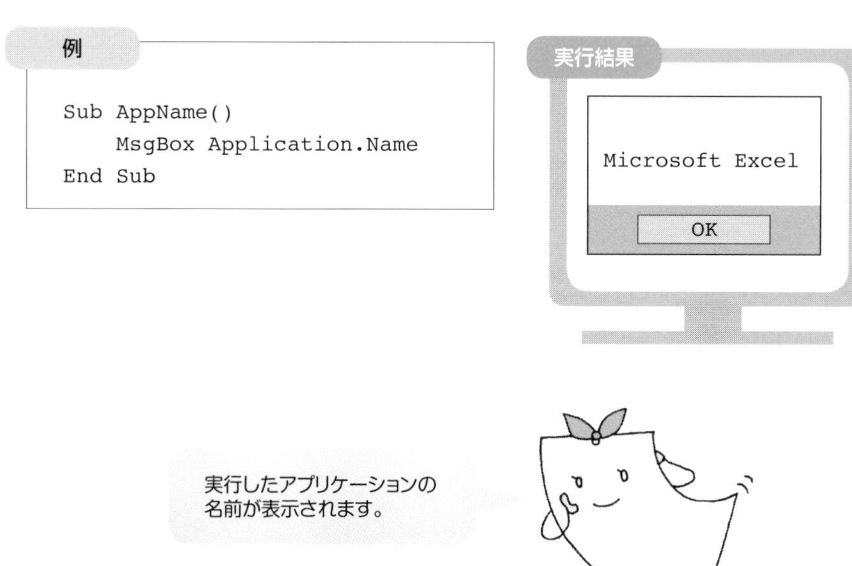

例
Sub AppName()
    MsgBox Application.Name
End Sub
実行結果
Microsoft Excel
OK
実行したアプリケーションの名前が表示されます。

メソッド(1)

メソッドを使ってオブジェクトを操作してみましょう。

メソッドとは?

メソッドとは、オブジェクトを操作したり、動作させたりするためのインターフェイスです。関数やプロシージャと同様に、引数を指定するものや、戻り値を取得できるものがあります。

引数のないメソッドの実行

オブジェクトやコレクションのメソッドを実行するには、次のように記述します。

```
Workbooks("Book2").Activate
```

…ワークブック「Book2」をアクティブにします

開いているワークブックのうち、名前が"Book2"であるものを表すWorkbookオブジェクト

Activateメソッド
ワークブックをアクティブにします

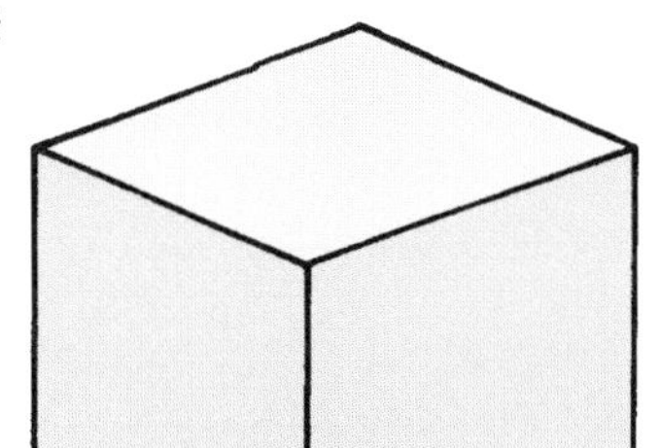

Book1
Book2

※Windowsで「拡張子を表示する」ように設定している場合は、上の記述ではエラーになります。"Books2.xslx"のように拡張子も含めて指定してください。以降同様です。

※シートをあらかじめ３枚用意しておいてください

例

```
Sub SheetActivate() ①
    Sheet3.Activate ②
    ActiveSheet.Range("A1:A3").Select ③
    Selection.Value = "Hello" ④
End Sub
```

セルのことです

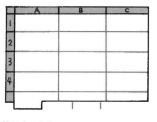

①スタート！

②Sheet3をアクティブにします

③アクティブなシート（Sheet3）のA1セルからA3セルまでの範囲を選択します

④選択されているオブジェクト（A1セルからA3セル）の値を「Hello」に設定します

実行結果

	A	B	C	D
1	Hello			
2	Hello			
3	Hello			
4				
5				
6				

Sheet1 Sheet2 Sheet3

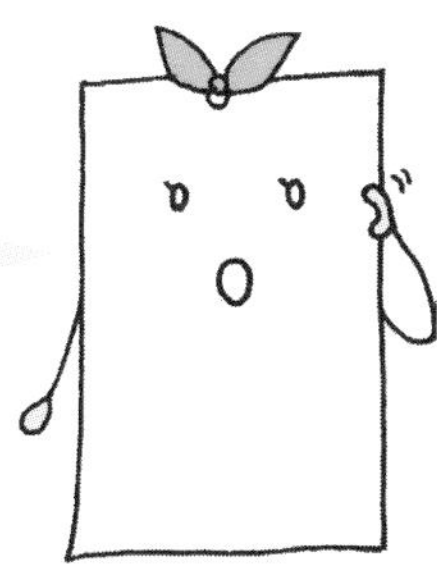

Selectionオブジェクトは、現在選択されているオブジェクトを表します。

1 マクロ
2 VBAプログラミングの基礎
3 演算子
4 関数とプロシージャ
5 制御文
6 Excelオブジェクトの基礎
7 Excelオブジェクトの実践
8 コントロールとフォーム
9 付録

メソッド(2)

引き続き、メソッドの実行方法を紹介します。

引数のあるメソッドの実行

メソッドも、関数のように引数を渡して呼び出すことができます。引数を指定してメソッドを呼び出すには、次のようにします。

```
WorkBooks("Book1").Close False
```

…ワークブック「Book1」を、保存せずに閉じます

- 開いているワークブックのうち、名前が"Book1"であるものを表すWorkbookオブジェクト
- **Closeメソッド** ワークブックを閉じます
- **引数** 閉じるときに保存するかどうかを、指定します

False

複数の引数を渡す場合は、引数を「,(カンマ)」で区切って指定します。

```
Worksheets.Add After:=Worksheets(2), Count:=1
```

…2番目のワークシートの次に、ワークシートを1つ追加します

引数

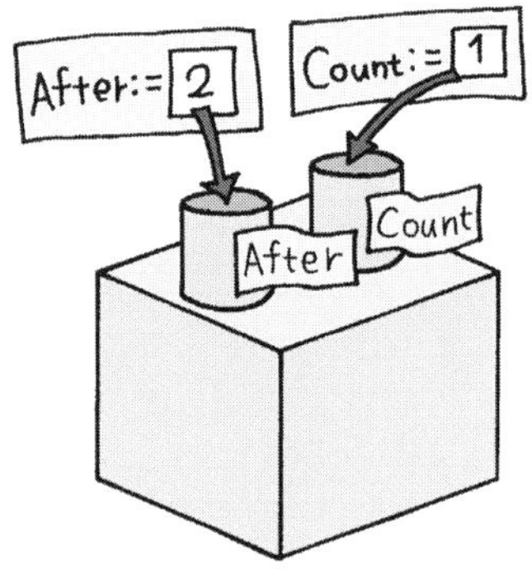
After:= 2
Count:= 1
After
Count

Book1

引数が多いメソッドが多いので、名前付き引数で指定すると便利です。

メソッドの戻り値

メソッドの戻り値を受け取るには、次のようにします。なお、引数名を指定しない場合には、下記の順番で記述する必要があります。

```
Dim str As String
str = Application.InputBox(Prompt:=" 入力 ", Title:=" タイトル ")
```

…入力用ダイアログボックスを表示し、入力されたデータを変数に格納します

InputBoxメソッド
入力用ダイアログボックスを表示するメソッド
次の名前付き引数があります

「Application.」は省略できます

Prompt	ダイアログボックスに表示する入力指示の文字列。必ず指定します
Title	ダイアログボックスのタイトル（省略可）
Default	テキストボックスに表示する文字列（省略可）

メソッドの戻り値を受け取る場合、引数は()でくくります。

例

```
Sub InputName()
    Dim str As String
    str = InputBox(" 名前を入力してください。", Title:=" 名前の入力 ")
    If str <> "" Then
        MsgBox str & " ちゃん、こんにちは！ ", , " あいさつ "
    End If
End Sub
```

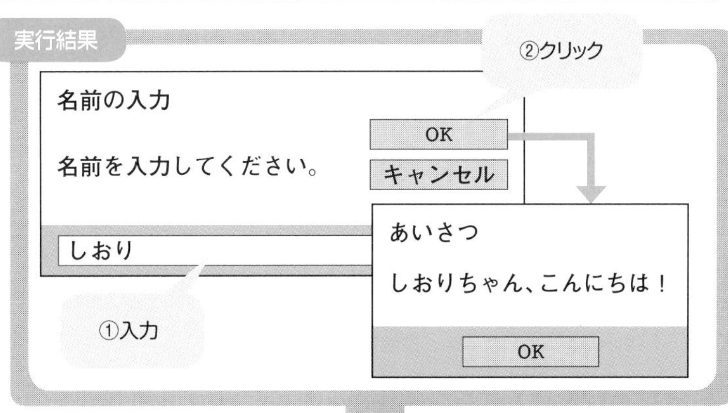
実行結果
名前の入力
名前を入力してください。
OK
キャンセル
しおり
①入力
②クリック
あいさつ
しおりちゃん、こんにちは！
OK

イベント

マウスをクリックするといった操作を行うとイベントが発生します。イベントについて見ていきましょう。

イベントとは?

イベントとは、オブジェクトに対して操作や処理を行ったときに発生するものです。たとえば、マウスをクリックしたときに発生する**Clickイベント**、オブジェクトをアクティブにしたときに発生する**Activateイベント**などがあります。

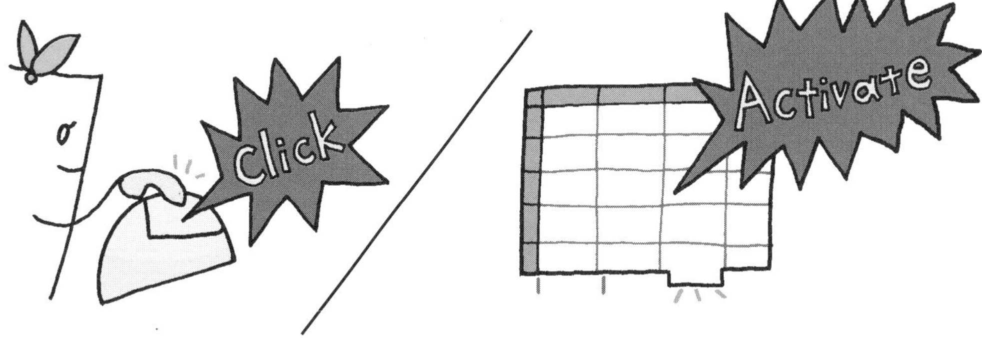
Click
Activate

イベントプロシージャ

VBAには、特定のイベントが発生したときに実行されるプロシージャがあります。このようなプロシージャのことを**イベントプロシージャ**といいます。

Click

右のページでは、Excelのワークシートがアクティブになったときのイベントプロシージャを作成してみましょう。

≫イベントプロシージャの作成

次のようにすると、イベントプロシージャを自動的に作成できます。

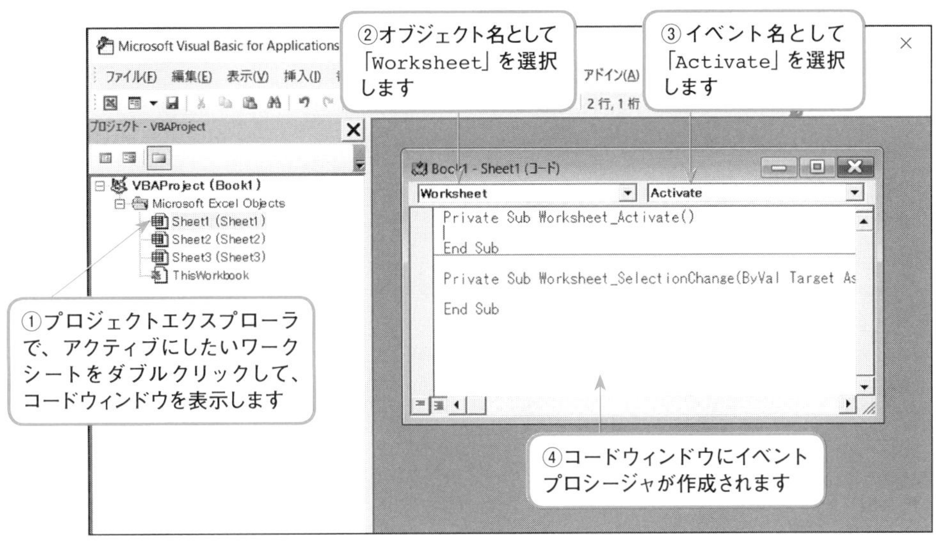

Microsoft Visual Basic for Applications
②オブジェクト名として「Worksheet」を選択します
③イベント名として「Activate」を選択します
プロジェクト - VBAProject
VBAProject (Book1)
Microsoft Excel Objects
Sheet1 (Sheet1)
Sheet2 (Sheet2)
Sheet3 (Sheet3)
ThisWorkbook
Book1 - Sheet1 (コード)
Worksheet
Activate
Private Sub Worksheet_Activate()
End Sub
Private Sub Worksheet_SelectionChange(ByVal Target As
End Sub
①プロジェクトエクスプローラで、アクティブにしたいワークシートをダブルクリックして、コードウィンドウを表示します
④コードウィンドウにイベントプロシージャが作成されます

コードウィンドウに直接記述して作成することもできます。

```
Private Sub Worksheet_Activate()

End Sub
```

オブジェクトの種類　イベント名

［対象のオブジェクトの種類_イベント名］の形式で指定します。

例

```
Private Sub Worksheet_Activate()
    MsgBox "ワークシートがアクティブになりました。", , "メッセージ"
End Sub
```

実行結果
メッセージ
ワークシートがアクティブになりました。
OK
クリック
イベントプロシージャを作成したワークシート
ワークシートをアクティブにすると、メッセージボックスが表示されます。

COLUMN

～Withステートメント～

Withステートメントを使うと、オブジェクト名を繰り返し指定しなくても済むようにできます。記述が楽になるだけでなく、プロシージャの実行速度が向上するというメリットもあります。

Withステートメントがよく使われるのは、セルや文字の属性を指定する場合です。例を見てみましょう。

```
Sub sample1()
    With Worksheets("Sheet1").Range("B3")
        .RowHeight = 30
        .Font.Color = RGB(255, 0, 0)
    End With
End Sub
```

With～End Withのあいだに処理を記述します

オブジェクトを省略した場合は、ピリオドから書き始めます。

	A	B	C
1			
2		SHIORI	
3		SHIORI	
4			

文字色が赤になります

この例では、ワークシートSheet1のB3セル（Rangeオブジェクト）について、高さを「30」にしています。さらに同セルのフォント（Fontオブジェクト）について、色を「赤」に設定しています。

ちなみに、同じ処理を、Withステートメントを使わずに記述すると、次のようになります。

```
Sub sample2()
    Worksheets("Sheet1").Range("B3").RowHeight = 30
    Worksheets("Sheet1").Range("B3").Font.Color = RGB(255, 0, 0)
End Sub
```

Withステートメントを使ったほうが、同じ記述が続かないのですっきりしていますね。

7 Excelオブジェクトの実践

第7章は
ここがKey

Excelの基礎

Excelは表計算用のアプリケーションソフトウェアで、セルにデータを入力して、それらを集計したり、グラフを作成したりできます。このセルには、文字のほか、数式を入力してその計算結果を表示することもできます。ワークシートで利用できる便利な関数（ワークシート関数）がたくさん用意されているため、合計や平均を求めることも簡単です。

また、セルに罫線を引いたり、塗りつぶしたりできるので、見やすい表を作成できます。さらには、罫線のスタイルや、塗りつぶしの色やパターンといった細かい設定まで指定できます。

これらの機能はすべてVBAを使って実現することができます。この章では、Excelの機能とVBAの対応について見ていきます。

名前	年齢	性別
しおり	3	?
ちび	16	メス
しゃむ	5	メス

VBAでExcel操作

第6章では、Excelのオブジェクトを簡単に紹介してきました。第7章では、Excelの基本的なオブジェクトをより詳しく紹介します。

Excelのオブジェクトにはセル、ワークシート、ワークブックなどがあります。また、Excelアプリケーション自体もオブジェクトです。

セルやワークシートなどのオブジェクトは、VBAで操作することができます。もちろん、それぞれのオブジェクトにはプロパティやメソッドがあり、いろいろな設定を行ったり、オブジェクトに対して操作を行ったりできます。

この章では、オブジェクトごとにプロパティやメソッドを紹介していきます。VBAでExcelのオブジェクトを操作してみましょう。

コードを記述する場所

これまで標準モジュールにコードを記述してきましたが、オブジェクトの学習とあわせて、コードを書く場所も変えてみましょう。

コードの記述

ここまで見てきたように、VBAにはさまざまなコードがあり、実際のプログラミングでは、どのようなことをしたいかによってコードを記述する場所が異なります。

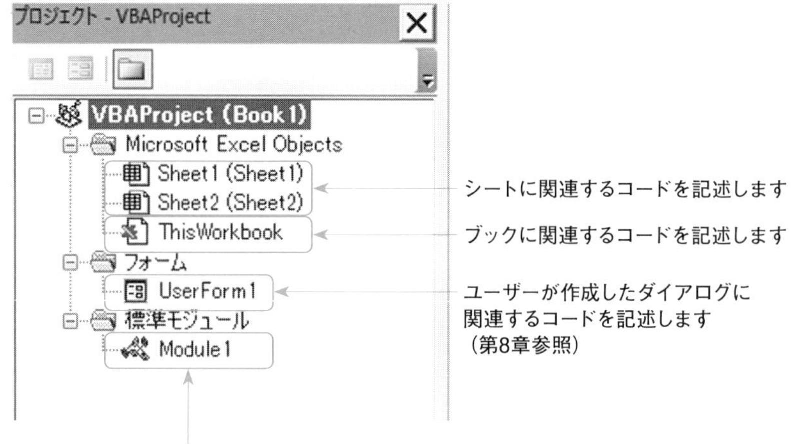
プロジェクト - VBAProject
VBAProject (Book1)
Microsoft Excel Objects
Sheet1 (Sheet1)
Sheet2 (Sheet2)
ThisWorkbook
フォーム
UserForm1
標準モジュール
Module1
シートに関連するコードを記述します
ブックに関連するコードを記述します
ユーザーが作成したダイアログに
関連するコードを記述します
（第8章参照）
特定のシートやブックに関連しない
汎用的なコードを記述します

該当のオブジェクトをダブルクリックすると、対応するコードウィンドウが表示されます。

実行方法の見方

第7章と第8章では、コードを記述する場所を、下記のようなかたちでアドバイスしています。

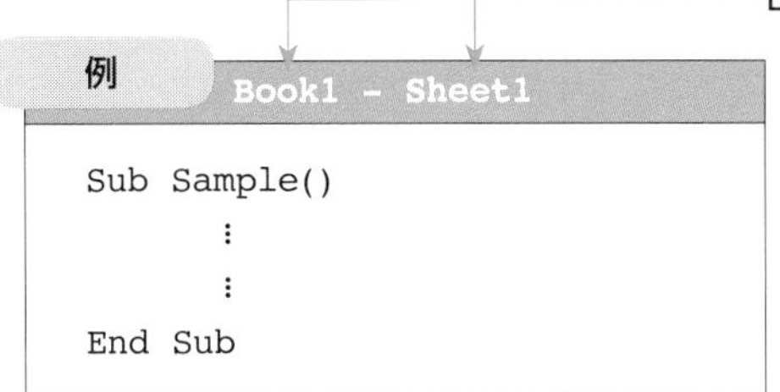
Book1のSheet1のモジュールに記述します
例
Book1 - Sheet1
Sub Sample()
⋮
⋮
End Sub

シートやブックなど、適宜置き換えて実行してください。

セルの基礎知識

まずはExcelのセルについて、基本的な構成と参照方法を確認しておきましょう。

セルの構成

セルの行には数字、列にはアルファベットが割り当てられていて、A列1行目のセルは「A1」、B列6行目のセルは「B6」のように表現します（**A1参照形式**）。

	A	B	C	D
1	A1	B1	C1	D1
2	A2	B2	C2	D2
3	A3	B3	C3	D3
4	A4	B4	C4	D4
5	A5	B5	C5	D5
6	A6	B6	C6	D6
7	A7	B7	C7	D7

	1	2	3	4
1				
2				
3				
4				
5				
6				
7				

行と列の両方を数字で表現する形式（R1C1参照形式）もあります。

相対参照と絶対参照

セルには数字や文字だけでなく、他のセルの参照を入力することもできます。

≫相対参照

式が入力されたセルを基準として、他のセルを相対的な位置関係で参照する方法です。相対参照するには、セルに次のように入力します。

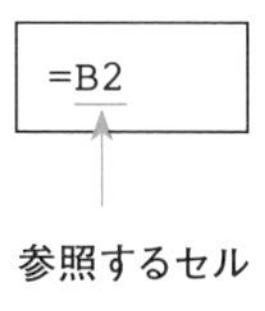

=B2
参照するセル

	A	B	C
1	単価	個数	金額
2	100	1	=A2*B2
3	200	2	=A3*B3
4	300	3	=A4*B4
5			

C2に入力した式をコピーすると、参照するセルが自動的に変更されます

※実際には計算した金額が表示されます

「B2」というのは、「C2から見てB2にあたる位置」という意味です。

≫絶対参照

セルを直接の位置で参照する方法です。そのため、参照するセルの位置は常に固定されます。絶対参照するには、セルに次のように入力します。

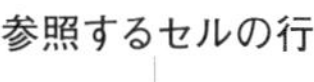

参照するセルの行

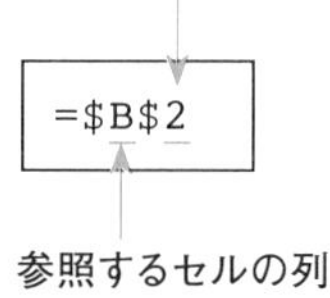

=$B$2
参照するセルの列

	A	B	C
1	単価	個数	金額
2	100	1	=A2*$B$2
3	200	2	=A3*$B$2
4	300	3	=A4*$B$2
5			

C2に入力した式をコピーしても、絶対参照で指定したセルは変更されません

※実際には計算した金額が表示されます

「$B$2」というのは、「シートのB2の位置」という意味です。

セルの参照(1)

セルの参照の基本がわかったら、VBAでセルを参照する方法を学びましょう。シートのCellsプロパティ、またはRangeプロパティを使います。

1つのセルの参照

セルを参照するには、**Cells**(セルズ)**プロパティ**、または**Range**(レンジ)**プロパティ**を使います。1つのセルを参照する場合は、次のようにします。どちらも、B2セルの値を10に設定しています。

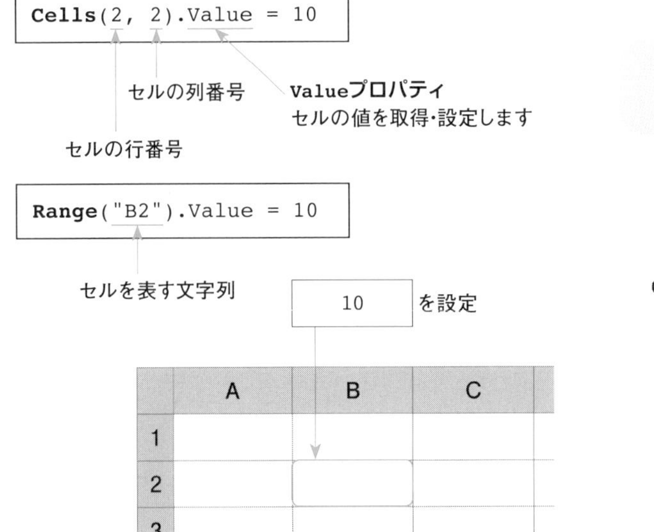

Cells(2, 2).Value = 10
セルの列番号
Valueプロパティ
セルの値を取得・設定します
セルの行番号
Range("B2").Value = 10
セルを表す文字列
10
を設定
A
B
C
1
2
3

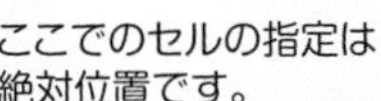

ここでのセルの指定は
絶対位置です。

≫記述場所による動作の違い

標準モジュールに記述する場合と、シートのモジュールに記述する場合とでは、同じセル(A1)を指定しても、次のように意味に違いがあります。

標準モジュール

・・・Range("A1")・・・
アクティブシートの「A1」セルを指す

Sheet1モジュール

・・・Range("A1")・・・
Sheet1の「A1」セルを指す

セル範囲の参照

セルの範囲を参照するには、次のようにします。どちらも、A1セルからB2セルまでの範囲の値を10に設定しています。

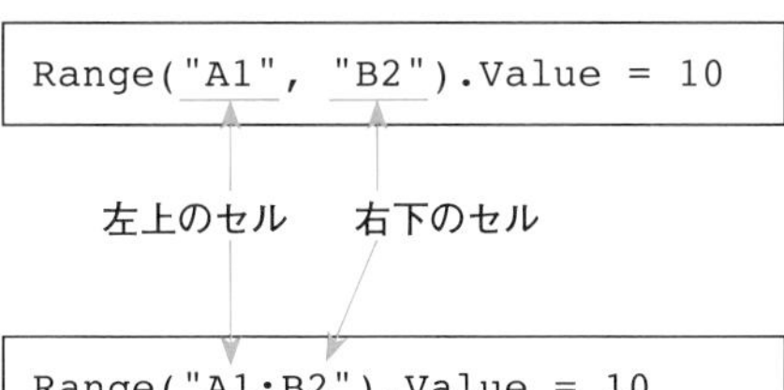

Range("A1", "B2").Value = 10
左上のセル
右下のセル
Range("A1:B2").Value = 10

	A	B	C
1	10	10	
2	10	10	
3			

Cellsプロパティでは、
複数のセル（セル範囲）
の参照はできません。

≫引数にRangeオブジェクトを指定する

セル範囲を指定する場合、文字列ではなくRangeオブジェクトも引数に指定できます。文字列と Rangeオブジェクトを組み合わせて指定することもできます。

```
Range(Cells(1, 2), Cells(2, 4)).Activate
```

```
Range("B1", Cells(2, 4)).Activate
```

どちらも、B1セルからD2セルまでの範囲の値をアクティブにしています

	A	B	C	D	E
1					
2					
3					
4					

セルの参照(2)

VBAでセルを参照する方法について、もう少し見ておきましょう。

範囲のRange型変数への代入

Rangeプロパティの値をRange型の変数に代入することができます。

```
Dim r As Range
Set r = Range("A2")
MsgBox r
```

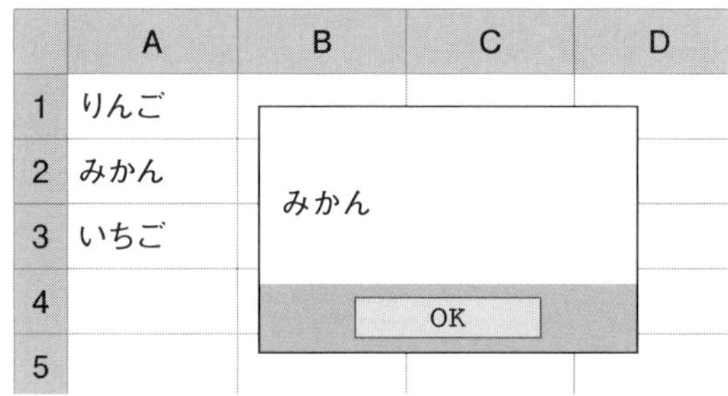

A
B
C
D
1
りんご
2
みかん
3
いちご
4
5
みかん
OK

Rangeはオブジェクトなので Setを付けます。Setステートメントについては110ページを参照してください。

アクティブなセルの参照

アクティブなセルを参照するには、**ActiveCell**(アクティブセル)**プロパティ**を使います。

```
MsgBox ActiveCell.Value
```

…アクティブなセルの値をメッセージボックスに表示します

	A	B	C	D	E
1	Alex	John			
2	Chibi	Hana			
3					
4					
5					

Hana

OK

名前を付けたセル範囲の参照

セルやセル範囲に名前を付け、Rangeプロパティで参照することもできます。名前を付けると、範囲選択しやすくなります。

名前ボックス → 果物 ← ②名前ボックスに、付けたい名前を入力します

	A	B
1	りんご	
2	みかん	
3	いちご	
4		
5		

①名前を付けたいセル範囲を選択します

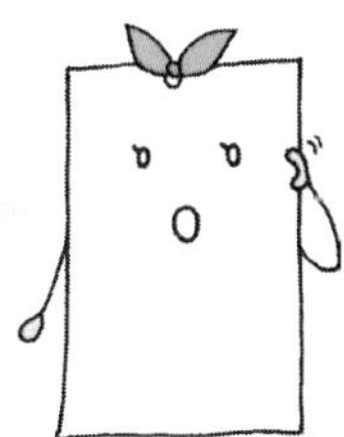
「数式」タブの「名前の定義」で名前を付ける方法もあります。

```
Range(" 果物 ").Activate
```

A1

	A	B
1	りんご	
2	みかん	
3	いちご	
4		
5		

果物

	A	B
1	りんご	
2	みかん	
3	いちご	
4		
5		

名前を付けたセル範囲がアクティブになります

セルの選択

セルを選択する方法を紹介します。

セルを選択する

セルを選択するには、**Selectメソッド**を使って次のように指定します。

```
Range("A1:B2").Select
```

…セル範囲A1～B2を選択します

	A	B	C
1			
2			
3			
4			

マウスでセル範囲を
ドラッグしたのと同じ
結果になります。

```
Cells(2, 1).Select
```

…A2セルを選択します

	A	B	C
1			
2			
3			
4			

≫離れたセル範囲を選択する

離れたセル範囲を選択することもできます。たとえば、次のように指定します。

```
Range("A1:B2,C4:D5").Select
```

…セル範囲A1～B2とC4～D5を選択します

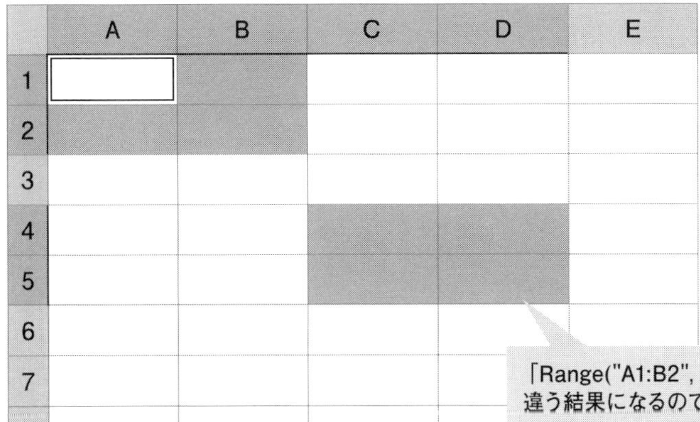

「Range("A1:B2", "C4:D5")」と指定すると、違う結果になるので気をつけましょう。

例

```
Sub RangeSelect()
  Range("A1,B2:C4").Select
  Range("B2").Activate
End Sub
```

Activate(アクティベート)**メソッド**
セルをアクティブにします

実行結果

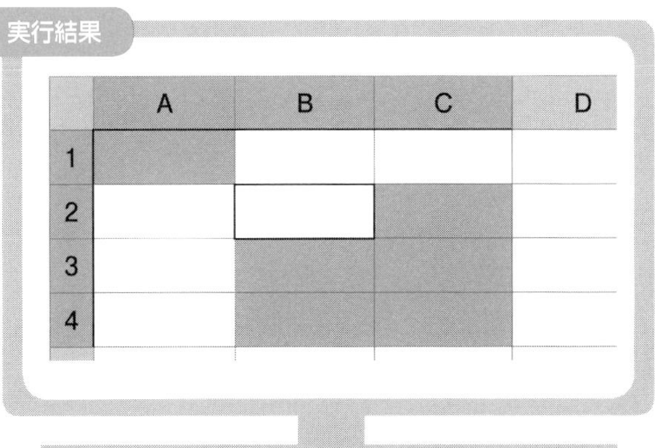

セルへの数式入力

セルに数式を入力したり、表示形式を変更したりする方法を紹介します。

数式と計算結果

セルに「=」ではじまる数式を入力すると、セルには計算結果が表示されます。たとえば、次のように入力します。

```
=1+1
```

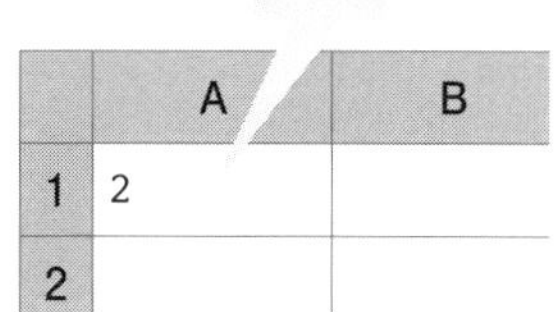
1+1
A
B
1
2
2

VBAで数式を取得·設定するには、**Formula**（フォーミュラ）プロパティを使います。

```
Cells(1, 1).Formula = "=1+1"
```

セルの表示形式

VBAでセルの表示形式を取得·設定するには**NumberFormatプロパティ**（ナンバーフォーマット）を使います。

日付(yyyy年m月d日)

```
ActiveCell.Value = "2022/2/1"
ActiveCell.NumberFormat = "yyyy 年 m 月 d 日 "
```

2022/2/1

	A	B
1	2022年2月1日	
2		

通貨(¥1,234)

```
ActiveCell.Value = "1000"
ActiveCell.NumberFormat = "¥¥#,##0"
```

1000

	A	B
1	¥1,000	
2		

桁数の指定

```
ActiveCell.Value = "10"
ActiveCell.NumberFormat = "0.00"
```

10

	A	B
1	10.00	
2		

例 Book1 - Sheet1

```
Sub AddPrice()
    Cells(1, 2).Value = 550
    Cells(2, 2).Value = 670
    Cells(3, 1).Value = " 合計 "
    Cells(3, 2).Formula = "=B1+B2"
    Range(Cells(1, 2), Cells(3, 2)).NumberFormat = "¥¥#,##0"
End Sub
```

実行結果

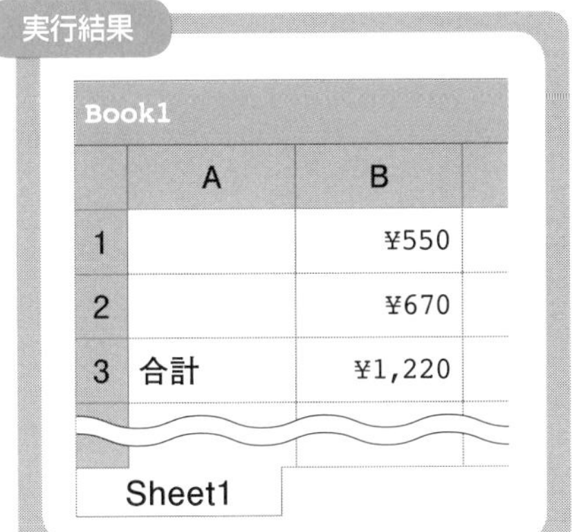

Book1
A
B
1
¥550
2
¥670
3
合計
¥1,220
Sheet1

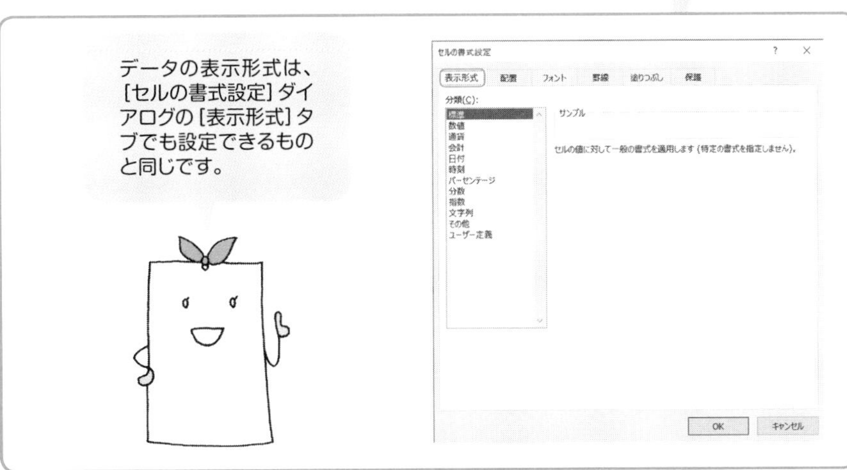

データの表示形式は、[セルの書式設定]ダイアログの[表示形式]タブでも設定できるものと同じです。
セルの書式設定
表示形式
配置
フォント
罫線
塗りつぶし
保護
分類(C):
標準
数値
通貨
会計
日付
時刻
パーセンテージ
分数
指数
文字列
その他
ユーザー定義
サンプル
セルの値に対して一般の書式を適用します (特定の書式を指定しません)。
OK
キャンセル

セルの編集

セルを編集する方法の１つを紹介します。

セルのコピー（カット）と貼り付け

セルやセル範囲をコピーして、貼り付けるには**Copy**（コピー）メソッドと**Paste**（ペースト）メソッドを使って次のように指定します。

コピーではなく切り取る場合は、Copyメソッドの代わりに**Cut**（カット）**メソッド**を使います（この場合A1からA3までの範囲）

Copyメソッド
セルやセル範囲をコピーします

```
Range("A1:A3").Copy          …コピー元の範囲（A1からA3まで）をコピーします
Range("B1:B3").Select        …貼り付け先の範囲（B1からB3まで）を選択します
ActiveSheet.Paste            …コピーした内容をアクティブなシートの選択範囲に貼り付けます
```

ActiveSheet: 対象のワークシートを指定します

Pasteメソッド
ワークシートに内容を貼り付けます

	A	B	C
1	あ		
2	い		
3	う		
4			

	A	B	C
1	あ	あ	
2	い	い	
3	う	う	
4			

≫PasteSpecialを利用した貼り付け

Copyメソッドでコピーしたデータは、Rangeオブジェクトの**PasteSpecial**（ペーストスペシャル）メソッドで貼り付けることもできます。Pasteメソッドとは使い方が異なりますので注意しましょう。

```
Range("A1:A3").Copy          …コピー元の範囲（A1からA3まで）をコピーします
Range("B1:B3").PasteSpecial  …コピーした内容を指定した範囲（B1からB3まで）に
                               貼り付けます
```

PasteSpecialメソッド
セルやセル範囲を貼り付けます

PasteSpecialメソッドでは、各種の定数を指定することで「形式を選択して貼り付け」とほぼ同様のことができますが、ここでは省略します

セルのクリア

セルやセル範囲をクリアするには、次のように記述します。**Clear**(クリア)メソッドでは、セルの数式や文字、書式など、すべてをクリアします。

```
Range("A2:A3").Clear
```

…A2からA3までの範囲をクリアします

Clearメソッド
セルやセル範囲の内容をクリアします

	A	B	C
1	あ	か	
2	い	き	
3	う	く	
4			

→

	A	B	C
1	あ	か	
2		き	
3		く	
4			

次のDeleteメソッドとは違い、セルそのものは残ります。

セルの削除

セルやセル範囲を削除するには、次のように記述します。**Delete**(デリート)メソッドでは、セルごと削除します。削除したあとに、セルをどの方向に移動するかは引数で指定できます。

```
Range("A2:A3").Delete Shift:=xlShiftToLeft
```

…A2からA3までの範囲を左方向シフトで削除します

Deleteメソッド
セルやセル範囲を削除します

移動方向

xlShiftToLeft	左方向にシフト
xlShiftUp	上方向にシフト

	A	B	C
1	あ	か	
2	い	き	
3	う	く	
4			

→

	A	B	C
1	あ	か	
2	き		
3	く		
4			

セルのデザイン変更(1)

セルに入力されるフォントの色や大きさなどを VBA で変更してみましょう。

フォントの設定

135ページの［セルの書式設定］ダイアログでは、フォントやセルの罫線の設定もできます。同様の設定をVBAで行ってみましょう。この項目では、フォントに関する内容を扱います。

しおり

≫フォントの色

VBAで次のように記述すると、フォントの色を設定できます。

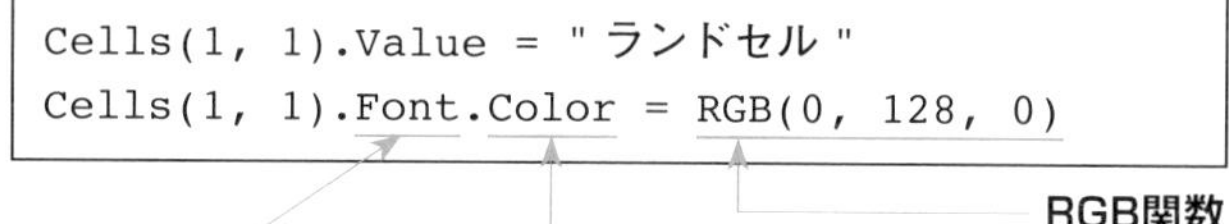

```
Cells(1, 1).Value = " ランドセル "
Cells(1, 1).Font.Color = RGB(0, 128, 0)
```

Font（フォント）**プロパティ**
フォントを参照します

Color（カラー）**プロパティ**
色を取得・設定します

RGB関数
色に含まれる赤、緑、青の成分の割合を、それぞれ0〜255の整数で指定します

	A	B
1	ランドセル	
2		

RGB(0, 0, 0)は黒、RGB(255, 255, 255)は白です。

≫フォントのサイズ

フォントのサイズを設定するには、次のように記述します。

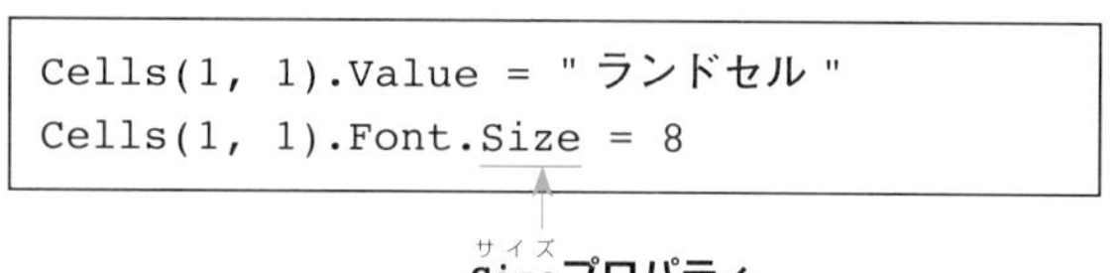

```
Cells(1, 1).Value = " ランドセル "
Cells(1, 1).Font.Size = 8
```

Size（サイズ）**プロパティ**
サイズ（ポイント）を取得・設定します

	A	B
1	ランドセル	
2		

≫太字・斜体・取り消し線

フォントの太字や斜体（イタリック）、取り消し線を設定するには、次のように記述します。いずれのプロパティも、設定するかどうかを「`True`」または「`False`」で指定します。

設定	意味
`True`	する
`False`	しない

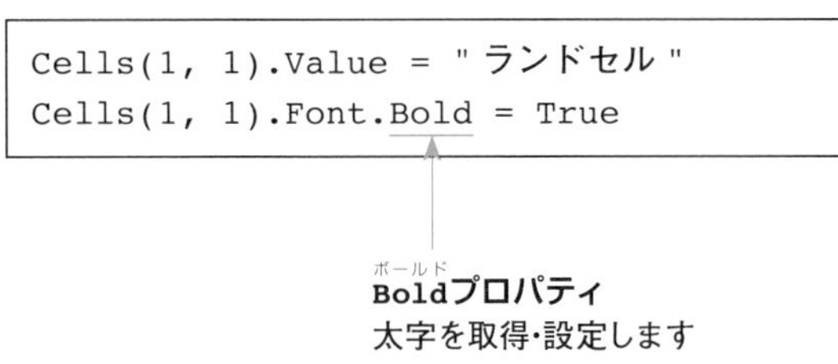

```
Cells(1, 1).Value = " ランドセル "
Cells(1, 1).Font.Bold = True
```

Bold（ボールド）**プロパティ**
太字を取得・設定します

	A	B
1	**ランドセル**	
2		

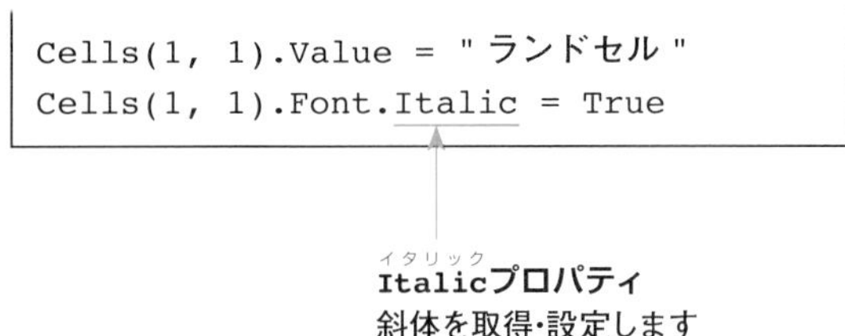

```
Cells(1, 1).Value = " ランドセル "
Cells(1, 1).Font.Italic = True
```

Italic（イタリック）**プロパティ**
斜体を取得・設定します

	A	B
1	*ランドセル*	
2		

```
Cells(1, 1).Value = " ランドセル "
Cells(1, 1).Font.Strikethrough = True
```

Strikethrough（ストライクスルー）**プロパティ**
取り消し線を取得・設定します

	A	B
1	~~ランドセル~~	
2		

セルのデザイン変更(2)

セルの罫線の種類やセルの塗りつぶしをVBAで設定してみましょう。

罫線や塗りつぶしの設定

前項に続き、[セルの書式設定]ダイアログと同様の設定を、VBAで行ってみましょう。この項目では、罫線やセルの塗りつぶしを扱います。

≫罫線の種類

セルに外枠を設定するには、次のように記述します。

```
Range("B2").Borders.LineStyle = xlContinuous
```

Borders(ボーダーズ)プロパティ
輪郭を参照します

LineStyle(ラインスタイル)プロパティ
罫線のスタイルを取得・設定します

線のスタイル

定数	線のスタイル
xlContinuous	――――
xlDash	- - - - - -
xlDouble	════

	A	B
1		
2		
3		

ColorプロパティとRGB関数については138ページを参照してください。

≫罫線の色・太さ

セルの罫線の色や太さは、次のように設定します。

```
Range("B2").Borders.Color = RGB(0, 128, 0)
Range("B2").Borders.Weight = xlThick
```

Weight(ウェイト)プロパティ
罫線の太さを取得・設定します

線の太さ

定数	線の太さ
xlHairline	細線
xlThin	標準の太さ
xlMedium	太線
xlThick	極太線

	A	B
1		
2		
3		

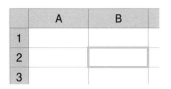

≫セルの塗りつぶし

セルを塗りつぶすには、次のように記述します。

```
Range("B2").Interior.Color = RGB(200, 200, 200)
```

Interior（インテリア）**プロパティ**
塗りつぶし属性を参照します

	A	B
1		
2		
3		

例　Book1 - Sheet1

```
Sub SetColor()
    With Range("A2", "B2")
        .Font.Color = RGB(255, 255, 255)
        .Borders.LineStyle = xlDash
    End With

    Cells(2, 1).Value = "緑"
    Cells(2, 1).Interior.Color = RGB(0, 128, 150)
    Cells(2, 2).Value = "灰色"
    Cells(2, 2).Interior.Color = RGB(150, 150, 150)
End Sub
```

実行結果
A
B
C
1
2
緑
灰色
3
4

値の検索

セルに入力された値を検索する基本の方法を紹介します。

セル内容の検索

Excelでは、[検索と置換] ダイアログでセルの内容を検索することができます。

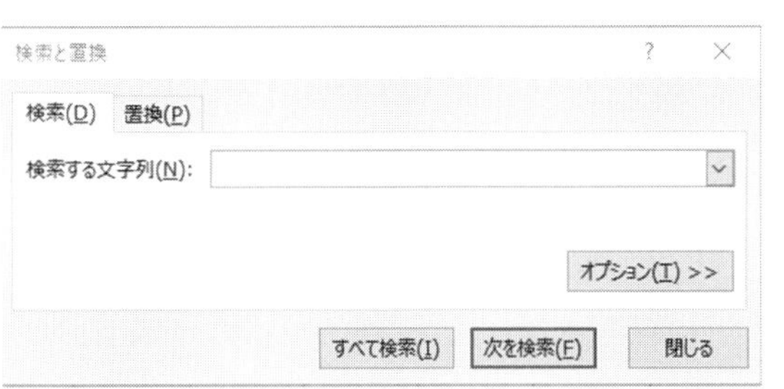
検索と置換
検索(D)
置換(P)
検索する文字列(N):
オプション(T) >>
すべて検索(I)
次を検索(F)
閉じる

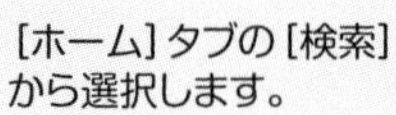
[ホーム] タブの [検索]
から選択します。

Findメソッド

VBAで条件にあてはまるセルを検索するには、**Find**（ファインド）メソッドを使います。Findメソッドは、引数で指定された文字列が最初に見つかったセルを返します。見つからなければ**Nothing**を返します。

```
Range("A1:A7").Find("宮城").Activate
```

Findプロパティ
セルの内容を検索します

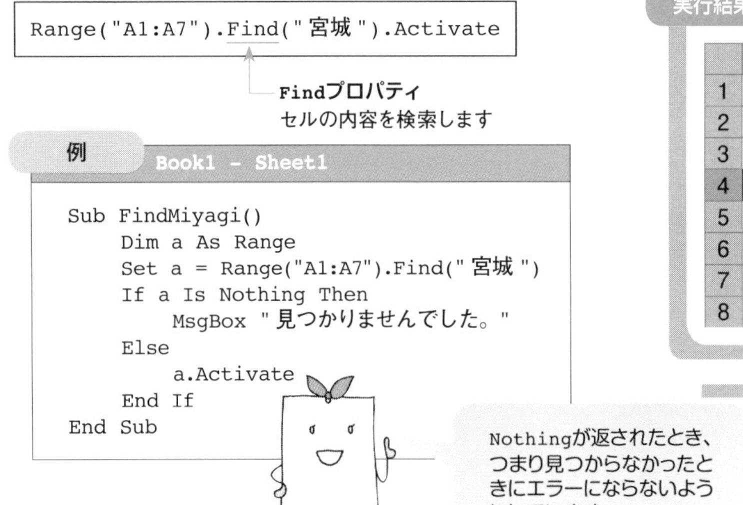

例 Book1 - Sheet1

```
Sub FindMiyagi()
    Dim a As Range
    Set a = Range("A1:A7").Find("宮城")
    If a Is Nothing Then
        MsgBox "見つかりませんでした。"
    Else
        a.Activate
    End If
End Sub
```

実行結果

	A	B
1	東北	
2	青森	
3	岩手	
4	宮城	
5	秋田	
6	山形	
7	福島	
8		

Nothingが返されたとき、つまり見つからなかったときにエラーにならないようにしています。

≫指定できる引数

Findメソッドには、次のような引数で検索の条件を設定できます。[ ] のものは省略可能です。

```
Object.Find(What[, After][, LookIn][, LookAt][, SearchOrder]
[, SearchDirection][,  MatchCase][, MatchByte][, SearchFormat])
```

引数名	内容
What	検索する文字列を指定します。
After	検索を開始するセルを指定します。この引数に指定したセルの次から検索を開始します。省略すると、対象セル範囲の左上のセルを指定したことになります。
LookIn	検索の対象を指定します。 ・xlFormulas：数式 ・xlValues：値 ・xlComments：コメント
LookAt	完全一致検索をするかどうかを指定します。 ・xlPart：一部分が一致するセル ・xlwhole：完全一致のセル
SearchOrder	検索の方向を指定します。 ・xlByRows：行方向（1行ごと） ・xlByColumns：列方向（1列ごと）
SearchDirection	検索の向きを指定します。 ・xlNext：次へ ・xlPrevious：前へ
MatchCase	大文字と小文字を区別するかどうかを指定します。 ・True：区別する ・False：区別しない
MatchByte	半角と全角を区別するかどうかを指定します。 ・True：区別する ・False：区別しない
SearchFormat	書式を検索の条件に含めるかどうかを指定します。 ・True：検索条件にする ・False：検索条件にしない

例

```
Range("A1:A7").Find("宮城", LookIn:=xlValues, _
    SearchOrder:=xlByColumns)
```

行、列の操作

VBAで行や列を操作してみましょう。

行の参照

行を参照するには**Rows**（ロウズ）プロパティを使います。行番号を省略した場合は、すべての行を参照します。

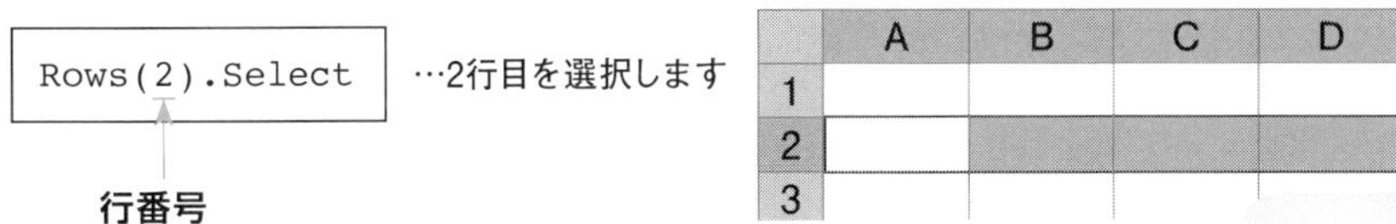

```
Rows(2).Select
```

…2行目を選択します

行番号
A
B
C
D
1
2
3

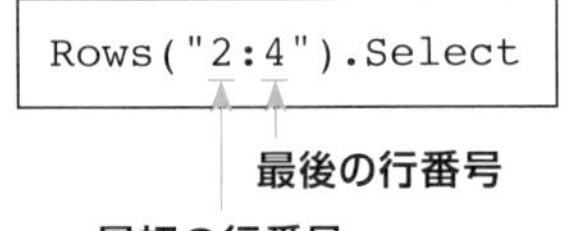

```
Rows("2:4").Select
```

…2行目から4行目までを選択します

最後の行番号
最初の行番号

「" "（ダブルクォーテーション）」の有無に気をつけましょう。

列の参照

列を参照するには**Columns**（カラムス）プロパティを使います。列番号を省略した場合は、すべての列を参照します。

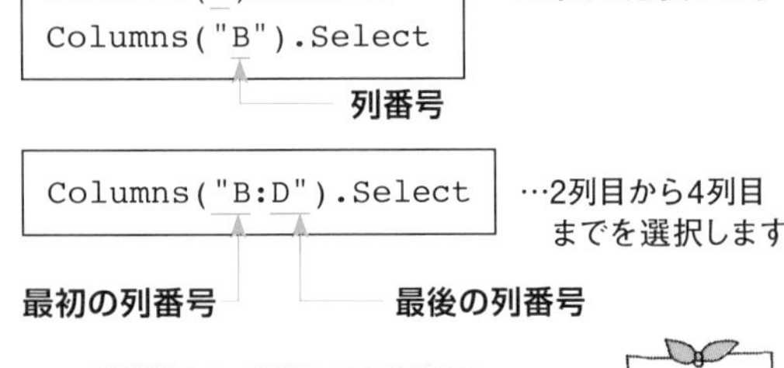

```
Columns(2).Select
Columns("B").Select
```

…2列目を選択します

```
Columns("B:D").Select
```

…2列目から4列目までを選択します

列番号
列番号
最初の列番号
最後の列番号

複数列の場合には、「Columns("2:4")」のような書き方はできません。

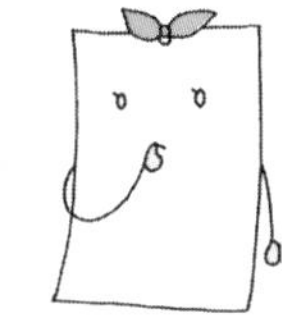

行や列の操作

VBAで行や列を操作したい場合、たとえば次のようなメソッドを使って指定します。

»挿入と削除

行や列を挿入または削除するには、次のように記述します。

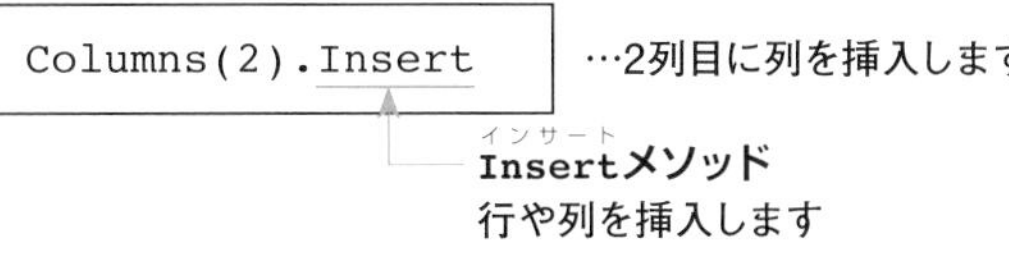

```
Columns(2).Insert
```

…2列目に列を挿入します

Insert(インサート)**メソッド**
行や列を挿入します

	A	B	C
1	あ	い	う
2	あ	い	う
3	あ	い	う

→

	A	B	C	D
1	あ		い	う
2	あ		い	う
3	あ		い	う

```
Columns(2).Delete
```

…2列目を削除します

Delete(デリート)**メソッド**
行や列を削除します

	A	B	C	D
1	あ		い	う
2	あ		い	う
3	あ		い	う

→

	A	B	C
1	あ	い	う
2	あ	い	う
3	あ	い	う

»コピーと貼り付け

行や列をコピーまたは貼り付けるには、次のように記述します

Copy(コピー)**メソッド**
行や列をコピーします

```
Rows(2).Copy
Rows(5).PasteSpecial
```

…2行目をコピーします
…コピーした内容を5行目に貼り付けます

PasteSpecial(ペーストスペシャル)**メソッド**
行や列を貼り付けます

	A	B	C	D
1	あ	あ	あ	あ
2	い	い	い	い
3	う	う	う	う
4				
5				
6				

→

	A	B	C	D
1	あ	あ	あ	あ
2	い	い	い	い
3	う	う	う	う
4				
5	い	い	い	い
6				

PasteSpecialメソッドでは、各種の定数を指定することで「形式を選択して貼り付け」とほぼ同様のことができますが、ここでは省略します。

セルの変更イベント

セルが変更されたときにプログラムを実行したいこともあります。そういった場合の方法を見ておきましょう。

セルの選択範囲が変更された場合

ワークシートでセルの選択範囲が変更されたときに処理を行うには、`Worksheet`オブジェクトの**`SelectionChange`**イベントを使います。次のようにして、イベントプロシージャ（118ページ）を作成します。

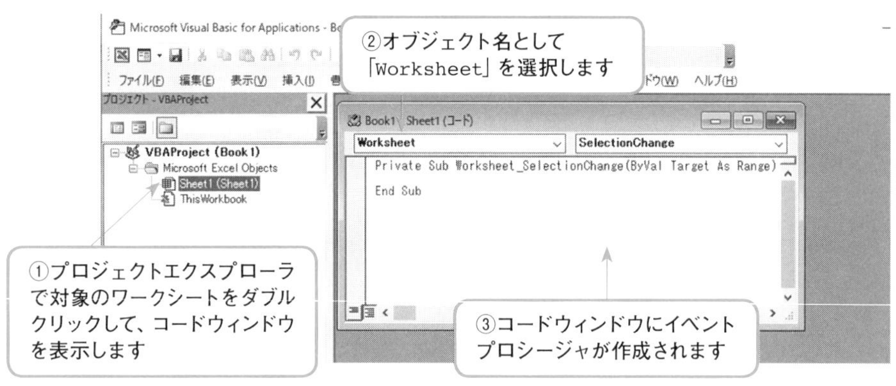

Microsoft Visual Basic for Applications - Bo
ファイル(F) 編集(E) 表示(V) 挿入(I)
ドウ(W) ヘルプ(H)
プロジェクト - VBAProject
VBAProject (Book1)
Microsoft Excel Objects
Sheet1 (Sheet1)
ThisWorkbook
Book1 - Sheet1 (コード)
Worksheet
SelectionChange
Private Sub Worksheet_SelectionChange(ByVal Target As Range)
End Sub
①プロジェクトエクスプローラで対象のワークシートをダブルクリックして、コードウィンドウを表示します
②オブジェクト名として「Worksheet」を選択します
③コードウィンドウにイベントプロシージャが作成されます


```
Private Sub Worksheet_SelectionChange(ByVal Target As Range)
End Sub
```

`SelectionChange`イベント
セルの選択範囲を変更したときに発生します

引数
変更されたセル範囲が`Range`型で渡されます

例 Book1 - Sheet1

```
Private Sub Worksheet_SelectionChange(ByVal Target As Range)
    MsgBox Target.Address
End Sub
```

`Address`プロパティ
セルのアドレスを取得します

実行結果

	A	B
1		
2		
3		
4		

$A$2:$B$3

OK

セルの値が変更された場合

ワークシートでセルの値が変更されたときに処理を行うには、Worksheetオブジェクトの**Change**（チェンジ）イベントを使います。

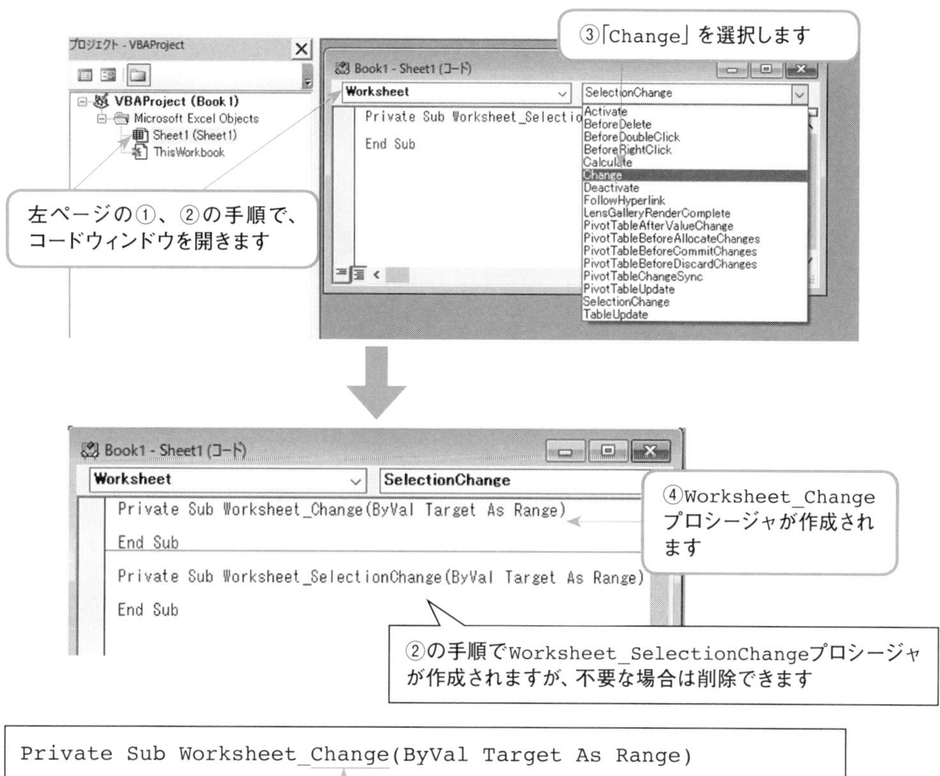

③「Change」を選択します
左ページの①、②の手順で、コードウィンドウを開きます
④Worksheet_Changeプロシージャが作成されます
②の手順でWorksheet_SelectionChangeプロシージャが作成されますが、不要な場合は削除できます


```
Private Sub Worksheet_Change(ByVal Target As Range)

End Sub
```

Changeイベント
セルの値を変更したときに発生します

例 Book1 - Sheet1

```
Private Sub Worksheet_Change(ByVal Target As Range)
    Target.Interior.Color = RGB(255, 165, 0)
End Sub
```

実行結果

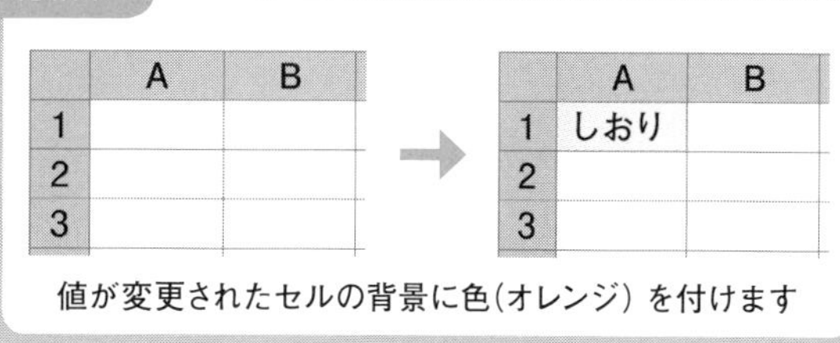

A
B
1
2
3
しおり

値が変更されたセルの背景に色（オレンジ）を付けます

1 マクロ
2 VBAプログラミングの基礎
3 演算子
4 関数とプロシージャ
5 制御文
6 Excelオブジェクトの基礎
7 Excelオブジェクトの実践
8 コントロールとフォーム
9 付録

ワークシートの操作

VBA でワークシートを操作してみましょう。

ワークシートとは

ワークシートはセルの集まりからなる1枚のシートのことです。

A
B
C
D
E
Sheet1

ワークシートの参照

ワークシートを参照するには、**Worksheets**（ワークシーツ）プロパティを使います。

```
Worksheets("Sheet1").Activate
```

…ワークシート「**Sheet1**」をアクティブにします

- "Sheet1"：ワークシートの名前またはインデックス番号
- Activate：**Activate**（アクティベート）**メソッド** ワークシートをアクティブにします

ワークシートのインデックス番号は、ワークシートの並び順とイコールです。

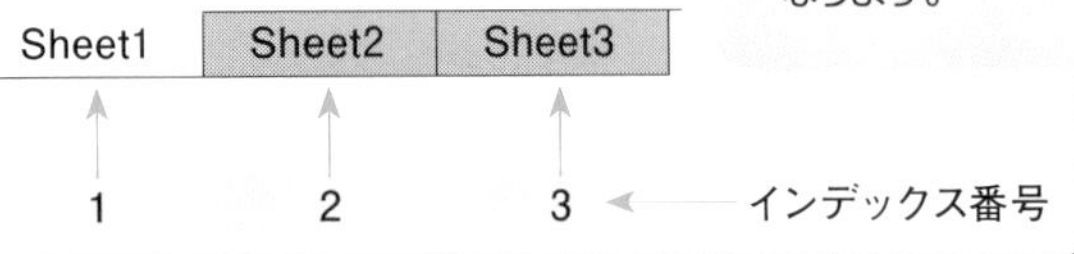
Sheet1
Sheet2
Sheet3
1
2
3
インデックス番号

存在しないワークシートを指定すると実行時エラーになります。

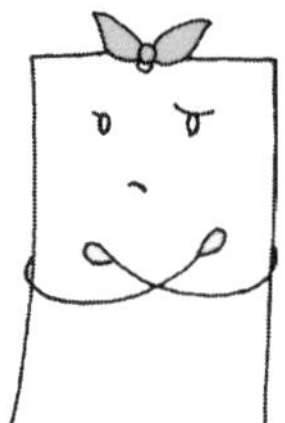

≫アクティブなシートの参照

ActiveSheet（アクティブシート）プロパティを使うと、アクティブなシートを参照できます。

```
MsgBox ActiveSheet.Name
```

…アクティブなシートの名前をメッセージボックスに表示します

ワークシートの削除

ワークシートを削除するときには、Delete（デリート）メソッドを使います。

```
Worksheets("Sheet1").Delete
```

…ワークシート「**Sheet1**」を削除します

ワークシートの名前
またはインデックス番号

Deleteメソッド
ワークシートを
削除します

実行すると、削除の
確認ダイアログが
表示されます。

ワークシートのコピー

ワークシートをコピーするには、Copy（コピー）メソッドを使います。

```
Worksheets("Sheet1").Copy
```

…ワークシート「**Sheet1**」をコピーします

ワークシートの名前
またはインデックス番号

Copyメソッド
Copyメソッドの引数には、次の2つのうち、どちらかを指定できます

Before…このシートの直前にワークシートのコピーを挿入
After…このシートの直後にワークシートのコピーを挿入
両方省略すると、シートのコピーを含む新しいワークブックを作成します。

例　Book1 - Sheet1

```
Sub CopySheet()
    Worksheets(1).Range("A1").Value = Worksheets(1).Name
    Worksheets(1).Copy Before:=Worksheets(1)
End Sub
```

※シートをあらかじめ3枚用意しておいてください

実行結果

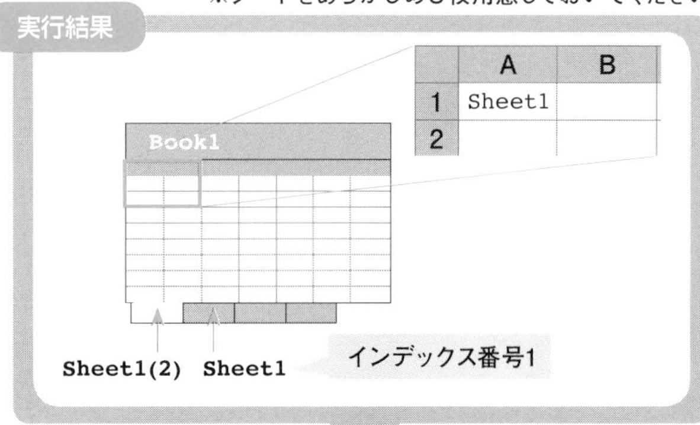
A
B
1
Sheet1
2
Book1
Sheet1(2)
Sheet1
インデックス番号1

ワークブック・Excelの操作

VBAで、ワークブックとExcelアプリケーションを操作してみましょう。

ワークブックとは

1つ以上のシートをまとめたものを**ワークブック**といいます。

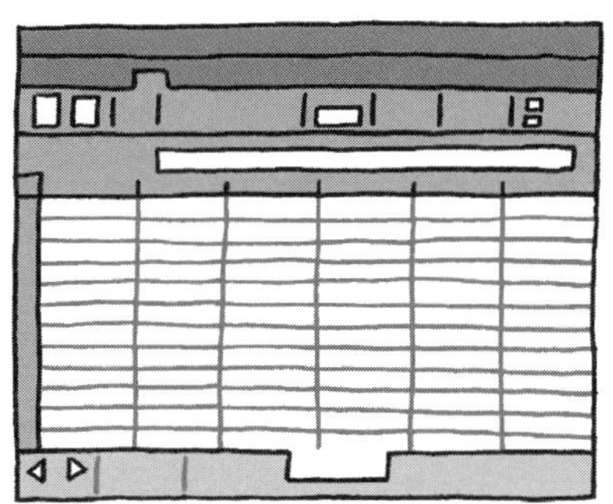

1つのワークブックに、同じ名前のシートを含めることはできません。

ワークブックの参照

ワークブックを参照するには、**Workbooks**（ワークブックス）プロパティを使います。

```
MsgBox Workbooks(1).Name
```

…1番目のワークブックの名前をメッセージボックスに表示します

ワークブックのインデックス番号
ワークブックを開いた順です

Name（ネーム）**メソッド**
ワークブックの名前を取得します

```
Workbooks("Book1").Activate
```

…ワークブック「**Book1**」をアクティブにします

ワークブックの名前またはインデックス番号

Activate（アクティベート）**メソッド**
ワークブックをアクティブにします

存在しないワークブックを指定するとエラーになります。

≫アクティブなワークブックの参照

アクティブなワークブックを参照するには、**ActiveWorkbook**（アクティブワークブック）プロパティを使います。

```
MsgBox ActiveWorkbook.Name
```

…アクティブなワークブックの名前をメッセージボックスに表示します

≫現在のワークブックの参照

ThisWorkbook（ディスワークブック）プロパティを使うと、コードを記述しているワークブックを参照できます。

```
MsgBox ThisWorkbook.Name
```

…実行したマクロのあるワークブックの名前をメッセージボックスに表示します

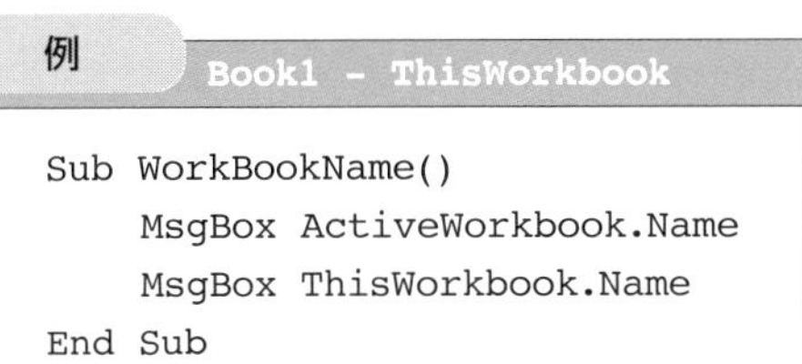

例
Book1 - ThisWorkbook
Sub WorkBookName()
MsgBox ActiveWorkbook.Name
MsgBox ThisWorkbook.Name
End Sub

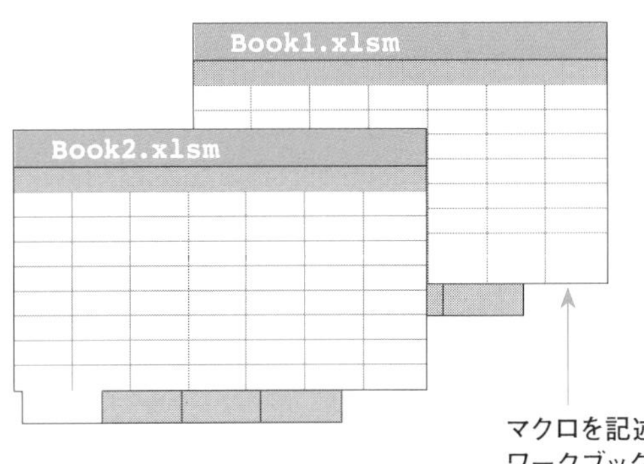

Book1.xlsm
Book2.xlsm
マクロを記述した
ワークブック

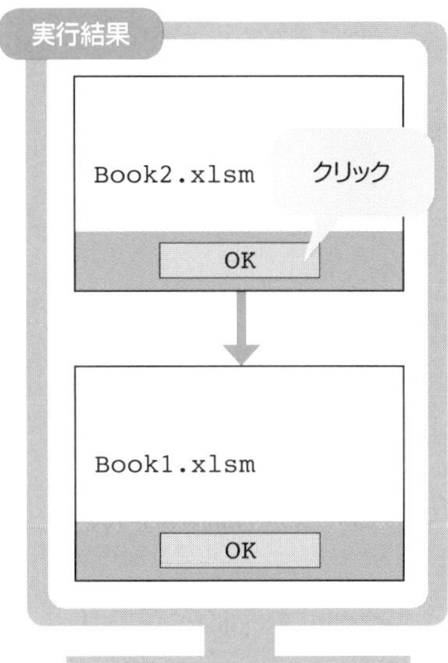

実行結果
Book2.xlsm
クリック
OK
Book1.xlsm
OK

Excelの終了

Excelを終了するには、Application（アプリケーション）オブジェクトの**Quit**（クイット）メソッドを使います。

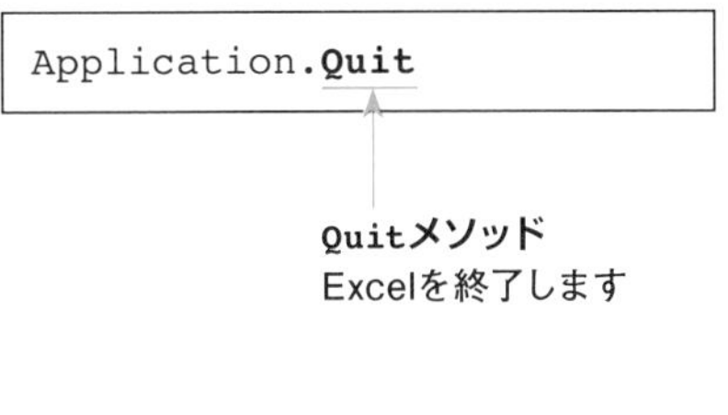

Application.Quit
Quitメソッド
Excelを終了します

Applicationオブジェクトは Excelアプリケーションを表します。

1

マクロ

2

VBAプログラミングの基礎

3

演算子

4

関数とプロシージャ

5

制御文

6

Excelオブジェクトの基礎

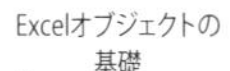

7

Excelオブジェクトの実践

8

コントロールとフォーム

9

付録

グラフの参照

グラフの作成には、グラフウィザードを使います。ここでは、作成したグラフを参照する方法を紹介します。

グラフシートとグラフオブジェクト

グラフは独立したグラフシートとして作成したり、ワークシートにオブジェクトとして埋め込んだりできます。

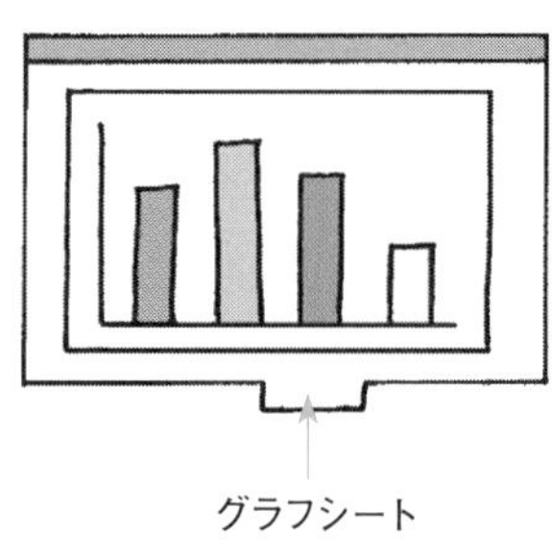
グラフシート

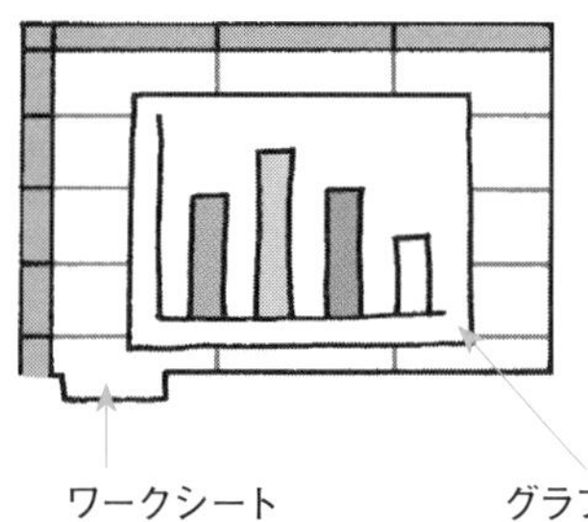
ワークシート
グラフオブジェクト

どちらもグラフウィザードを使って作成できます。

グラフシートの参照

グラフシートの参照には、**Charts**（チャーツ）プロパティを使います。

```
MsgBox Charts(1).Name
```

…インデックス番号1のグラフシートの名前をメッセージボックスに表示します

グラフシートのインデックス番号
グラフシートの並び順です

Name（ネーム）**プロパティ**
グラフシートの名前を取得・設定します

存在しないグラフシートを指定するとエラーになります。

```
Charts("Graph1").Activate
```

…グラフシート「**Graph1**」をアクティブにします

グラフシートの名前または
インデックス番号

Activate（アクティベート）**メソッド**
グラフシートをアクティブにします

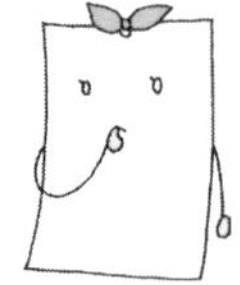

≫アクティブなグラフシートの参照

アクティブなシートを参照するには、**ActiveChart**（アクティブチャート）プロパティを使います。

```
MsgBox ActiveChart.Name
```

…アクティブなグラフシートの名前をメッセージボックスに表示します

ワークシートがアクティブだった場合はエラーになります。

シートの参照

Sheets(シーツ)プロパティでは、ワークブックにあるすべてのワークシート、グラフシートを参照できます。

```
MsgBox Sheets.Count
```

…シートの数をメッセージボックスに表示します

Sheets：シートのコレクションを表します

Count(カウント)**プロパティ**：シートの数を取得します

グラフオブジェクトの参照

シートに挿入したグラフオブジェクトの参照には、**ChartObjects**(チャートオブジェクツ)プロパティを使います。

```
MsgBox ActiveSheet.ChartObjects(1).Name
```

…グラフオブジェクトの名前をメッセージボックスに表示します

グラフオブジェクトのインデックス番号：グラフオブジェクトの作成順です

例　Book1 - ThisWorkbook

```
Sub SheetCount()
    Dim str As String
    str = "ワークシート：" & Worksheets.Count & vbCr
    str = str & "グラフシート：" & Charts.Count & vbCr
    str = str & "シート：" & Sheets.Count
    MsgBox str
End Sub
```

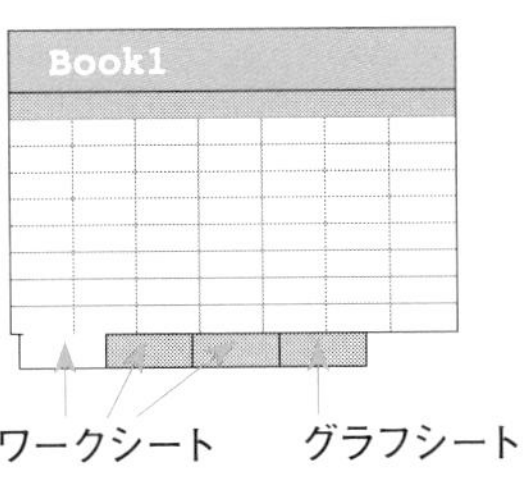
Book1
ワークシート
グラフシート

実行結果
ワークシート：3
グラフシート：1
シート：4
OK

サンプルプログラム(1)

●ワークシートの挿入

Excelのワークブックにワークシートを挿入するプログラムを作成します。以下のソースコードは、標準モジュールに書きます。

ソースコード

```
Sub AddSheet()
    Dim i As Integer
    Dim SheetNum As Integer
        '0: シートを追加 / -1: シートを追加しない / それ以外 : シートがすでに存在
    Dim NewSheetName As String '追加するシートの名前
    NewSheetName = InputBox("追加するシート名を入力してください。", "入力")

    If NewSheetName = "" Then
        SheetNum = -1
    Else
        SheetNum = 0
        For i = 1 To Worksheets.Count
            If Worksheets(i).Name = NewSheetName Then
                SheetNum = i
                Exit For
            End If
        Next
    End If

    If SheetNum = 0 Then
        Worksheets.Add After:=Worksheets(Worksheets.Count)
        Worksheets(Worksheets.Count).Name = NewSheetName
        MsgBox Worksheets.Count & "番目に" & _
            NewSheetName & "を追加しました。"
```

Nameプロパティ
ワークシートの名前を取得・設定します

追加するワークシートと同じ名前のワークシートがないか調べます

```
    ElseIf SheetNum > 0 Then
        MsgBox NewSheetName & "は" & SheetNum & "番目に存在します。"
    End If
End Sub
```

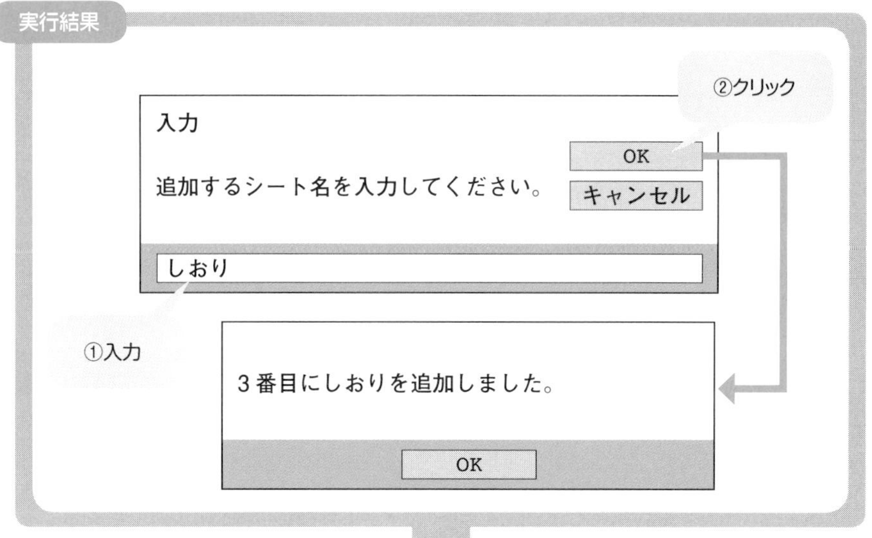

実行結果
②クリック
入力
追加するシート名を入力してください。
OK
キャンセル
しおり
①入力
3番目にしおりを追加しました。
OK

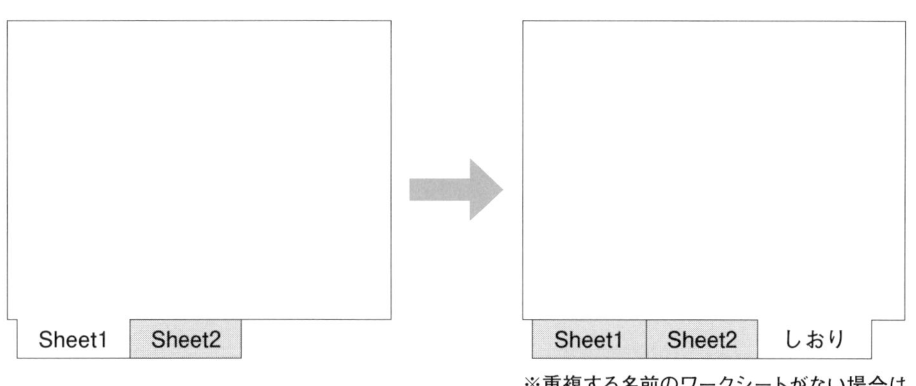

Sheet1
Sheet2
Sheet1
Sheet2
しおり

※重複する名前のワークシートがない場合は、このようにワークシートが追加されます

サンプルプログラム(2)

●ワークブックのイベントプロシージャ

Excelのワークブックのイベントプロシージャをいくつか作成します。どのような操作を行ったときに、イベントプロシージャが実行されるのか確認してください。

イベントプロシージャを作成するには、118ページの手順を参考にしてください。ただし、今回手順①でダブルクリックするのは、ThisWorkbookになります

ソースコード

```
Private Sub Workbook_WindowResize(ByVal Wn As Window)
    MsgBox "ウィンドウのサイズが変更されました。"
End Sub
```

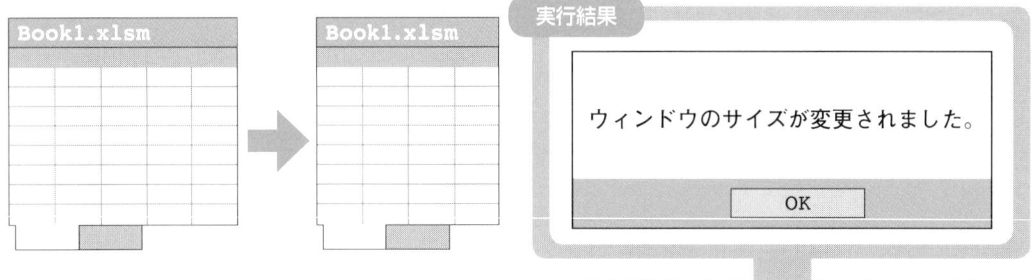

Book1.xlsm
Book1.xlsm
実行結果
ウィンドウのサイズが変更されました。
OK

ソースコード

```
Private Sub Workbook_SheetActivate(ByVal Sh As Object)
    MsgBox Sh.Name & "がアクティブになりました。"
End Sub
```

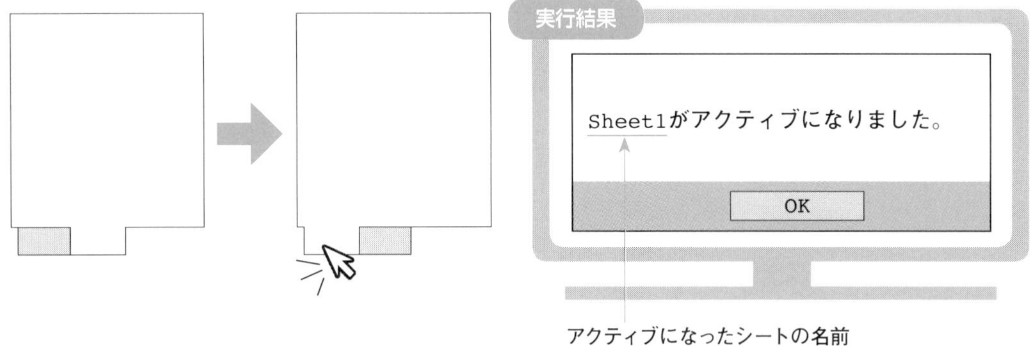

実行結果
Sheet1がアクティブになりました。
OK
アクティブになったシートの名前

ソースコード

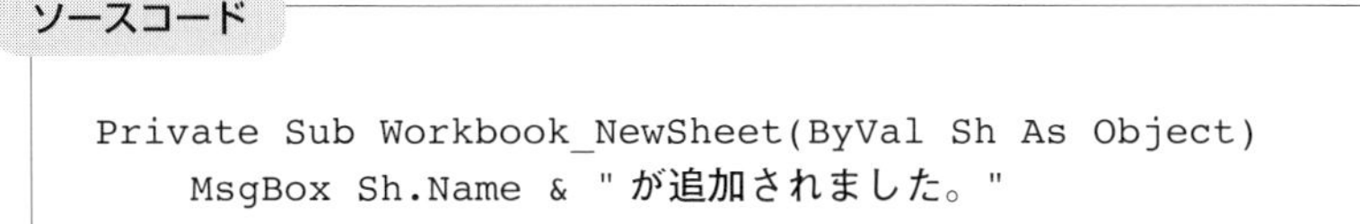

```
Private Sub Workbook_NewSheet(ByVal Sh As Object)
    MsgBox Sh.Name & "が追加されました。"
End Sub
```

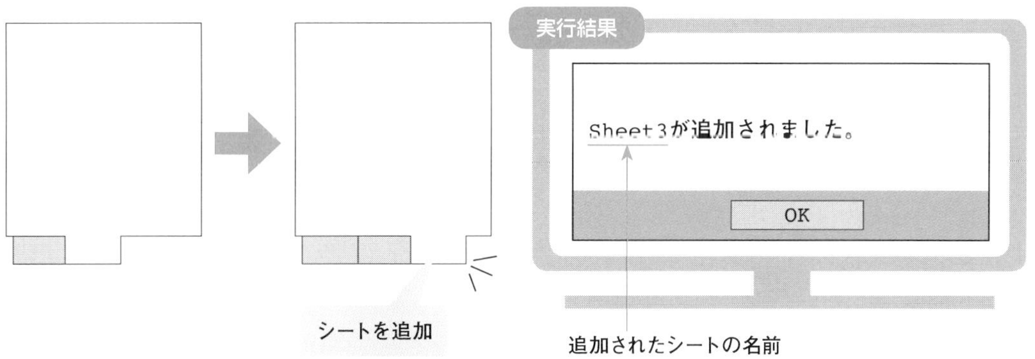
実行結果
Sheet3が追加されました。
OK
シートを追加
追加されたシートの名前

サンプルプログラム(3)

●**掃除当番表の作成**

新しくワークシートを追加し、そのシートに毎週の掃除当番表を作成します。最初の日付と当番の回数は最初にダイアログに入力します。

・記述場所:Book1 - ThisWorkbook
・実行方法:[マクロ]ダイアログで「ThisWorkbook.MakeCleaningTable」を選択して、[実行]ボタンをクリックします

ソースコード

```
Sub MakeCleaningTable()
    Dim i As Integer, j As Integer
    ' 初期値の設定
    Dim PartCount As Integer, LeftStart As Integer
    PartCount = 3    ' 掃除場所の数
    LeftStart = 2    ' 表の左側の列数
    Dim SheetName As String, TableTitle As String
    SheetName = "掃除当番表"      ' シート名
    TableTitle = "掃除当番"        ' 表のタイトル
    Dim Part(2) As String, Mem(2) As String ' 掃除場所と担当者
    Part(0) = "廊下"
    Part(1) = "教室"
    Part(2) = "ゴミ捨て"
    Mem(0) = "1班"
    Mem(1) = "2班"
    Mem(2) = "3班"
    Dim StartDate As String, LineCount As String
    StartDate = "2021/10/1" ' 最初の日付
    LineCount = 3 ' 当番の回数
    ' 以前作成した掃除当番表がある場合は警告してプロシージャを終了
    For i = 1 To Sheets.Count
        If Sheets(i).Name = SheetName Then
            MsgBox "「" & SheetName & "」シートを削除してください。"
            Exit Sub
        End If
    Next
    ' 最初の日付と当番の回数を入力
    StartDate = InputBox( _
        "最初の日付を入力してください。", Default:=StartDate)
    LineCount = InputBox("回数を入力してください。", Default:=LineCount)
    ' 当番表のシートを先頭に挿入
    Worksheets.Add before:=Worksheets(1)
    Worksheets(1).Name = SheetName
    ' セルの設定とタイトル行の作成
    Cells.HorizontalAlignment = xlCenter  ← 文字列の横位置を中央揃えに設定
    Cells.ShrinkToFit = True  ← 文字列を縮小して全体を表示するように設定
    Range(Cells(2, LeftStart), Cells(2, PartCount + LeftStart)) _
```

```
        .MergeCells = True ←—— セル範囲の結合
    Cells(2, LeftStart).Value = TableTitle

    ' 先頭行を作成
    For i = 1 To PartCount
        Cells(4, LeftStart + i).Value = Mem(i - 1)
    Next
    ' 当番を記入
    For i = 1 To LineCount                          セルのアドレスを取得
        Cells(4 + i, LeftStart).Formula = _
            "=" & Cells(4 + i - 1, LeftStart).Address & "+7"
        For j = 1 To PartCount
            Cells(4 + i, LeftStart + j).Value = Part((i + j) Mod 3)
        Next
    Next
    ' 最初の日付を記入（2 行目移行は式により自動計算）
    Range(Cells(5, LeftStart), _
        Cells(4 + LineCount, LeftStart)).NumberFormat = "m/d"
    Cells(5, LeftStart).Value = StartDate
    ' 最後の行の罫線を引く
    Range(Cells(4, LeftStart), _
        Cells(4 + LineCount, PartCount + LeftStart)) _
        .Borders.LineStyle = xlContinuous
End Sub
```

実行結果

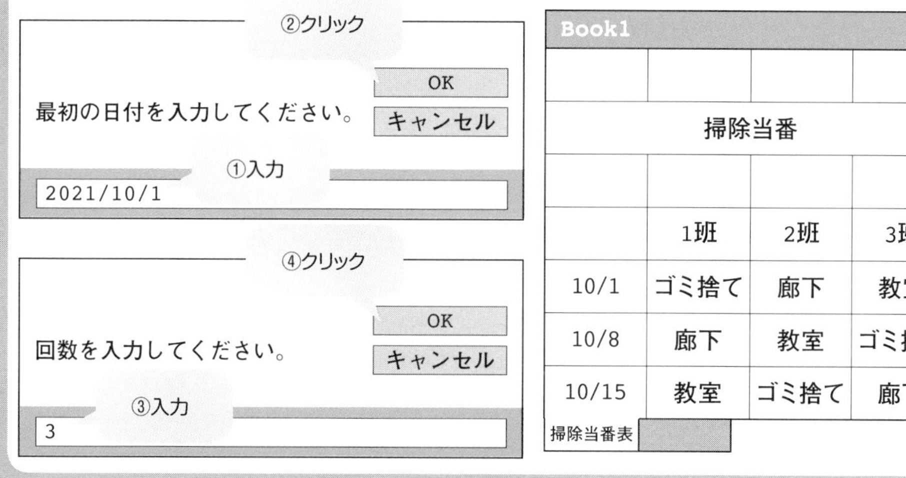

②クリック
OK
最初の日付を入力してください。
キャンセル
①入力
2021/10/1
④クリック
OK
回数を入力してください。
キャンセル
③入力
3
Book1
掃除当番
1班
2班
3班
10/1
ゴミ捨て
廊下
教室
10/8
廊下
教室
ゴミ捨て
10/15
教室
ゴミ捨て
廊下
掃除当番表

COLUMN

～日付・時刻～

Excel VBAで日付や時刻を操作するときに使う関数や、自動変換機能を紹介します。

現在の日付・時刻を取得する

現在の日付を取得するには**Date**（デイト）関数を、時刻を取得するには**Time**（タイム）関数を使います。

```
Cells(1, 1).Value = Date
Cells(1, 2).Value = Time
```

- Date：現在の日付をyyyy/m/d形式で返します
- Time：現在の時刻をh:mm:ss形式で返します

年・月・日を取得する

日付から年、月、日を取得するには、それぞれ**Year**（イヤー）、**Month**（マンス）、**Day**（デイ）関数を使います。

```
Cells(2, 1).Value = Year(Date) & "年"
Cells(3, 1).Value = Month(Date) & "月"
Cells(4, 1).Value = Day(Date) & "日"
```

- Year(Date)：指定した日付の年を返します
- Month(Date)：指定した日付の月を返します
- Day(Date)：指定した日付の日を返します

時・分・秒を取得する

時刻から時、分、秒を取得するには、それぞれ**Hour**（アワー）、**Minute**（ミニット）、**Second**（セカンド）関数を使います。

```
Cells(2, 2).Value = Hour(Time) & "時"
Cells(3, 2).Value = Minute(Time) & "分"
Cells(4, 2).Value = Second(Time) & "秒"
```

- Hour(Time)：指定した時刻の時を返します
- Minute(Time)：指定した時刻の分を返します
- Second(Time)：指定した時刻の秒を返します

曜日を取得する

日付から曜日を表す数字を取得するには、**WeekDay**（ウィークデイ）関数を使います。

```
Cells(5, 1).Value = Weekday(Date)
```

- Weekday(Date)：指定した日付の曜日を1（日曜日）から7（土曜日）までの数字で返します

日付型への変換

日付型の変数に、日時に変換できる文字列を代入すると、自動で日付型に変換されます。

```
Dim d As Date, t As Date
d = "30/9/2021" '2021/09/30
t = "1:2:34"     '1:02:34
```

8

コントロールとフォーム

第8章は
ここがKey

V ユーザーインターフェイス

コンピュータの画面デザインや、表示形式、操作性など、ユーザーが触れる部分のことを**UI**（ユーザーインターフェイス）といいます。Windowsでは、画面上にウィンドウやアイコン、ボタンなどが表示され、マウスで簡単に操作できます。このように、UIが視覚的に表現され、ユーザーが直感的に操作できるものを**GUI**（グラフィカルユーザーインターフェイス）といいます。VBAではGUIの1つである**フォーム**を簡単に作ることができます。

今まで使ってきたメッセージボックスでは、テキストボックスを配置したり、ボタンの位置を移動したりすることはできませんでしたね。ところがフォームでは、ボタンやテキストボックスなどの**コントロール**の配置も、位置の移動も思いのままです。

第6章と第7章でオブジェクトを紹介しましたが、フォームや一つ一つのコントロールもオブジェクトです。そのため、コントロールにも、プロパティを設定したり、イベントプロシージャを作成したりできます。

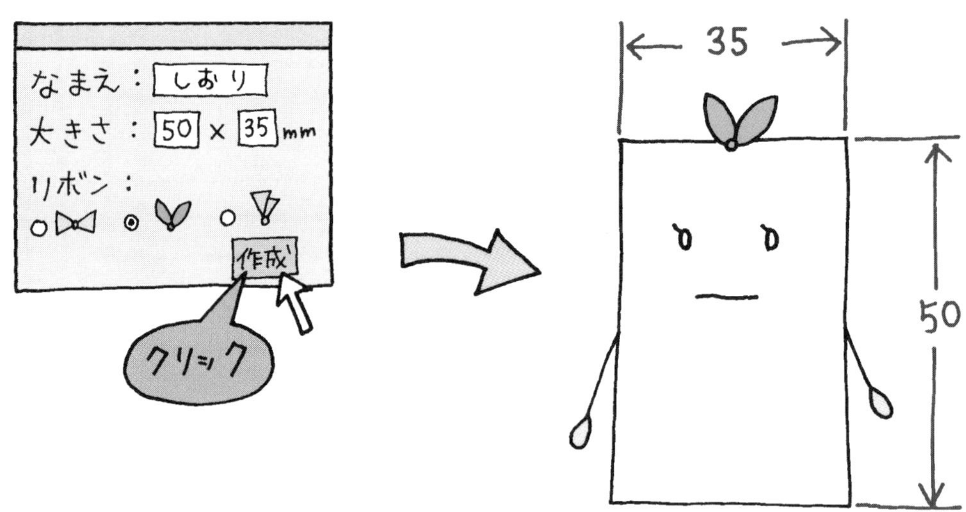
なまえ：
しおり
大きさ：
50
×
35
mm
リボン：
作成
クリック
35
50

いろいろなコントロール

コントロールはフォームだけでなく、Excelのワークシート上にも配置することができます。実は、Excelで使えるコントロールには、**フォームコントロール**と**ActiveXコントロール**の2種類があり、フォームコントロールはワークシート上にしか配置することができません。一方、ActiveXコントロールであれば、左ページで紹介したフォームでもワークシート上でも利用できます。また、プロパティを柔軟に設定できたり、VBAで直接操作できたりするメリットもあります。

この章では、このActiveXコントロールを中心に基本的なコントロールと、フォームの作成方法を紹介します。ワークシート上のコントロールとフォーム上のコントロールとでは多少扱い方が異なりますが、基本的な部分は同じです。まずは、コントロールをワークシートに配置して、それぞれのコントロールの特徴や設定方法などを学びましょう。

コントロールがどのようなものか理解できたところで、続いてフォーム（ユーザーフォーム）を作成してみます。あくまで「ユーザーフォームの導入」といった内容ですが、雰囲気はつかめるかと思います。

コントロール

コントロールとは、フォームやワークシートに配置して使う部品のことです。

フォームとコントロール

VBAでは、ボタンやテキストボックスを自由に配置したウィンドウを作成できます。このウィンドウを**フォーム**といい、フォームに配置するボタンやテキストボックスのことを**コントロール**といいます。コントロールはワークシートに直接配置することもできます。

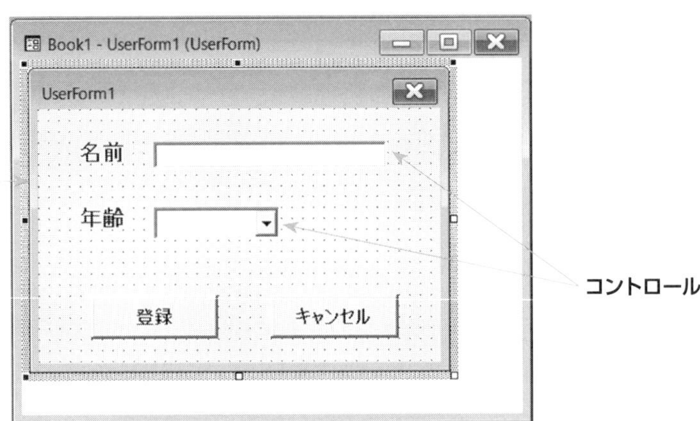
Book1 - UserForm1 (UserForm)
UserForm1
名前
年齢
登録
キャンセル

フォーム
フォームについては、182ページを参照してください

コントロール

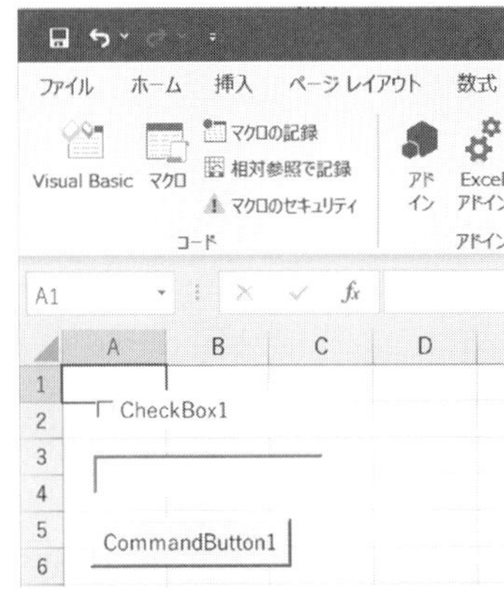
ファイル
ホーム
挿入
ページ レイアウト
数式
Visual Basic
マクロ
マクロの記録
相対参照で記録
マクロのセキュリティ
コード
アドイン
Excel アドイン
アドイン
A1
CheckBox1
CommandButton1

コントロールには、**フォームコントロール**（166ページ）と**ActiveXコントロール**（168ページ）の2種類があります。本書では、コントロールの個別の解説（170ページ「コントロールとイベント」以降）はActiveXコントロールで説明します。

ワークシートへのコントロールの配置

ワークシートへのコントロールの配置は、次の手順で行います。

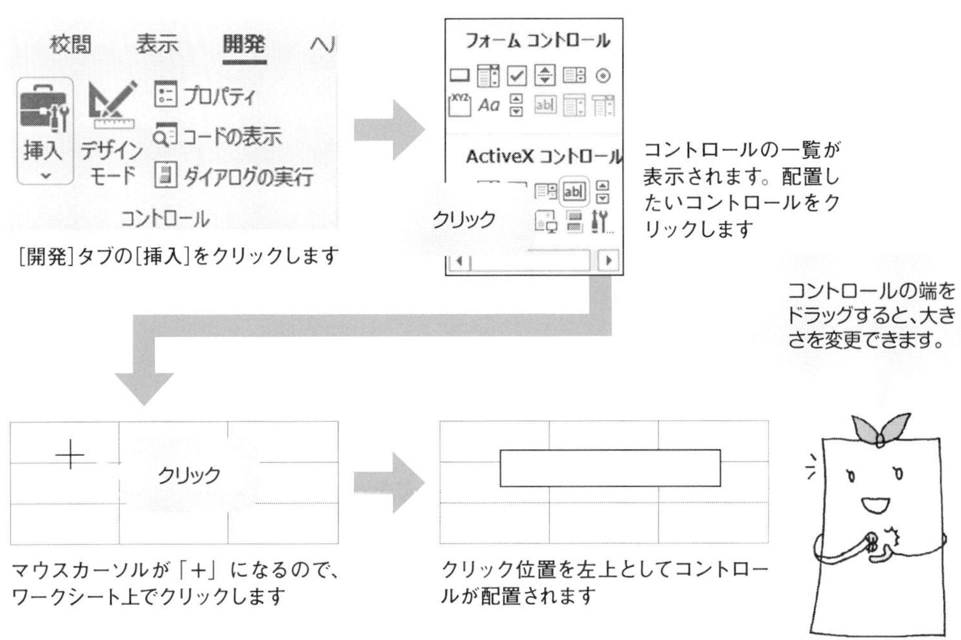
校閲
表示
開発
挿入
デザイン モード
プロパティ
コードの表示
ダイアログの実行
コントロール
[開発]タブの[挿入]をクリックします
フォーム コントロール
ActiveX コントロール
クリック
コントロールの一覧が表示されます。配置したいコントロールをクリックします
コントロールの端をドラッグすると、大きさを変更できます。
クリック
マウスカーソルが「+」になるので、ワークシート上でクリックします
クリック位置を左上としてコントロールが配置されます

デザインモード

［挿入］の隣にある［デザインモード］をクリックすると、デザインモードがオンになり、ActiveXコントロールの見た目や位置などを編集できるようになります。この間はボタンの押下など、コントロール本来の機能は利用できません。

デザインモードを終了するには、もう一度[デザインモード]をクリックします。
OFF
デザイン モード
Button
ON
デザイン モード
Button

コントロールの種類（1）

Excel には、フォーム コントロールと ActiveX コントロールの 2 種類のコントロールがあります。まずはフォームコントロールを紹介します。

フォームコントロール

フォームコントロールは、以前のバージョンのExcelとの互換性のあるコントロールです。VBAのコードを使わずに、データを簡単に操作したい場合などに使います。フォームコントロールには、主に次のようなものがあります。

コントロール名	アイコン	コントロール	使い方
ラベル	Aa	ラベル 1	セルやテキストボックスの説明や簡単な指示を表示する
チェックボックス	☑	□ チェック 1	選択肢から必要な項目を選択する（複数選択が可能）
オプションボタン（ラジオボタン）	◉	○ オプション 1	選択肢から1つだけ選択する
グループボックス	XYZ	グループ 1	チェックボックスやオプションボタンなどをグループ化する
ボタン	▭	ボタン	押して処理を実行する
リストボックス			リストの中から必要な項目を選択する（複数選択が可能）
コンボボックス			リストの中から1つを選択する
スクロールバー			矢印をクリックするかスクロールボックスをドラッグして、数値を指定する
スピンボタン			数値、時刻、日付などの値を増減する

≫特徴

フォームコントロールには次のような特徴があります。

- ・ワークシートに配置できますが、ユーザーフォームに配置することはできません。
- ・マクロを呼び出して実行できます。
- ・コントロールの持つ値は指定したセルとリンク（連動）します。コントロールの値や属性をVBA から直接取得・設定することはできません。
- ・外観や動作など、変更できる特性は限られます。

フォームコントロールの書式設定

各コントロールの外観や選択肢の設定などは、コントロールを右クリックして表示される［コントロールの書式設定］で行います。

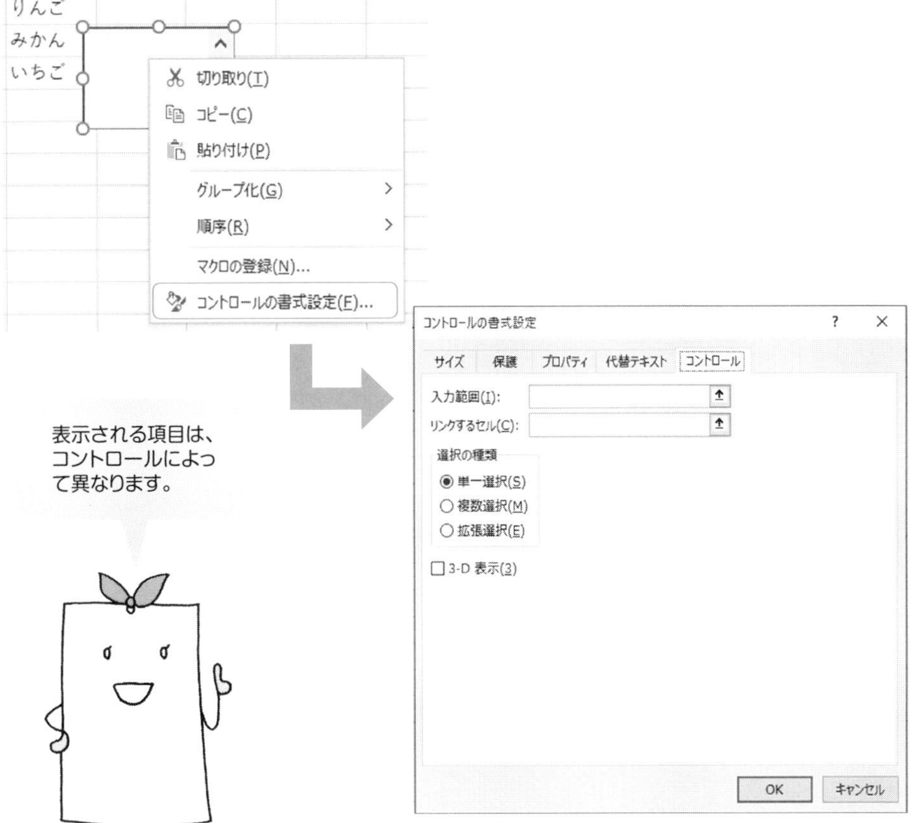

りんご
みかん
いちご
切り取り(T)
コピー(C)
貼り付け(P)
グループ化(G)
順序(R)
マクロの登録(N)...
コントロールの書式設定(F)...
コントロールの書式設定
サイズ
保護
プロパティ
代替テキスト
コントロール
入力範囲(I):
リンクするセル(C):
選択の種類
単一選択(S)
複数選択(M)
拡張選択(E)
3-D 表示(3)
OK
キャンセル
表示される項目は、コントロールによって異なります。

コントロールの種類(2)

次は、より柔軟に設定を変更できる、ActiveX コントロールについて見てみましょう。

ActiveXコントロール

VBAでコントロールを操作したり、動作や外観を細かく設定したい場合には、**ActiveX(アクティブエックス)コントロール**を使います。ActiveXコントロールには、次のようなものがあります。

コントロール名	アイコン	コントロール	使い方
ラベル	A	Label 1	セルやテキストボックスの説明や簡単な指示を表示する
テキストボックス	abl		文字入力を受け付ける
チェックボックス		□ CheckBox1	選択肢から必要な項目を選択する(複数選択が可能)
オプションボタン(ラジオボタン)		○ OptionButton1	選択肢から1つだけ選択する
コマンドボタン		CommandButton1	押して処理を実行する
トグルボタン		Toggle Button1	押して、ボタンの状態をオン、オフに切り替える
リストボックス			リストの中から必要な項目を選択する(複数選択が可能)
コンボボックス			リストの中から1つを選択する
スクロールバー			矢印をクリックするかスクロールボックスをドラッグして、数値を指定する
スピンボタン			数値、時刻、日付などの値を増減する
イメージ			ビットマップ、JPEG、GIF などの画像を埋め込む
フレームコントロール	※[その他のコントロール]→[Microsoft Forms 2.0 Frame]を選択		チェックボックスやオプションボタンなどグループ化する

≫特徴

ActiveXコントロールには次のような特徴があります。

- ・ワークシート、ユーザーフォームどちらにも配置できます。
- ・マクロを呼び出して実行できます。
- ・コントロールの値や属性をVBAから取得・設定できます。
- ・外観や動作など、さまざまなプロパティを変更できます。

ActiveXコントロールの書式設定

ActiveXコントロールはVBAのオブジェクトであり、それぞれのコントロールにはプロパティがあります。プロパティの設定には、**プロパティウィンドウ**を使います。

≫プロパティウィンドウの表示とプロパティの設定

プロパティウィンドウを表示するには、デザインモードでコントロールを右クリックし、[プロパティ] を選択します。

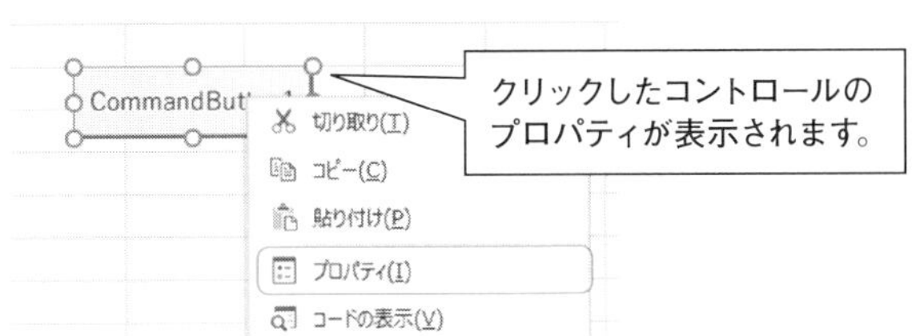
CommandButt
切り取り(T)
コピー(C)
貼り付け(P)
プロパティ(I)
コードの表示(V)
クリックしたコントロールの
プロパティが表示されます。

プロパティウィンドウでは、左側にプロパティ名、右側にプロパティの値が表示されます。設定したいプロパティの行の右側に値を入力、または選択すると、プロパティを設定できます。

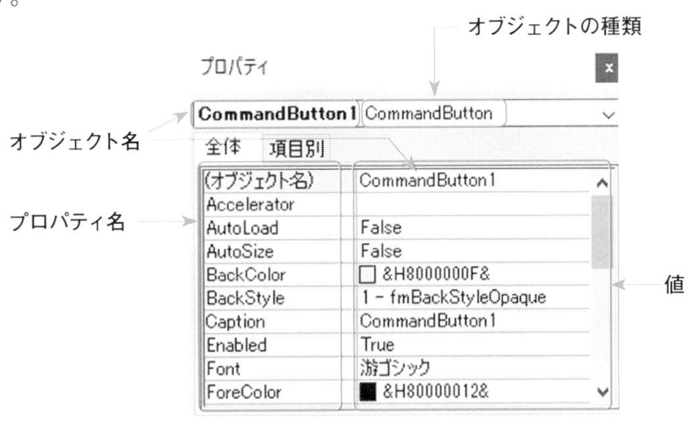
オブジェクトの種類
プロパティ
CommandButton1 CommandButton
オブジェクト名
全体 項目別
プロパティ名
値
(オブジェクト名) CommandButton1
Accelerator
AutoLoad False
AutoSize False
BackColor &H8000000F&
BackStyle 1 - fmBackStyleOpaque
Caption CommandButton1
Enabled True
Font 游ゴシック
ForeColor &H80000012&
ソースコードに記述して
プログラム上から設定
することもできます。

コントロールとイベント

ボタンがクリックされたら、プロシージャを呼び出すようにしてみましょう。ここからは ActiveX コントロールについて説明していきます。

イベントとイベントプロシージャ

118ページで見たように、イベントとはオブジェクトに対して操作や処理を行ったときに発生するものです。そして、このイベントが発生したときに実行される処理が、イベントプロシージャです。

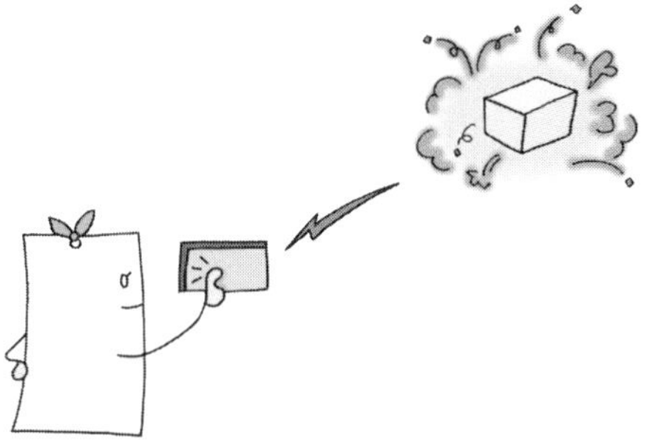

コントロールも
オブジェクトです。

イベントプロシージャの作成

Excelのシートに配置したボタンをクリックしたときに、なにか処理を行うには、**`Click`(クリック)イベント**を使います。次のようにして、イベントプロシージャを作成します。

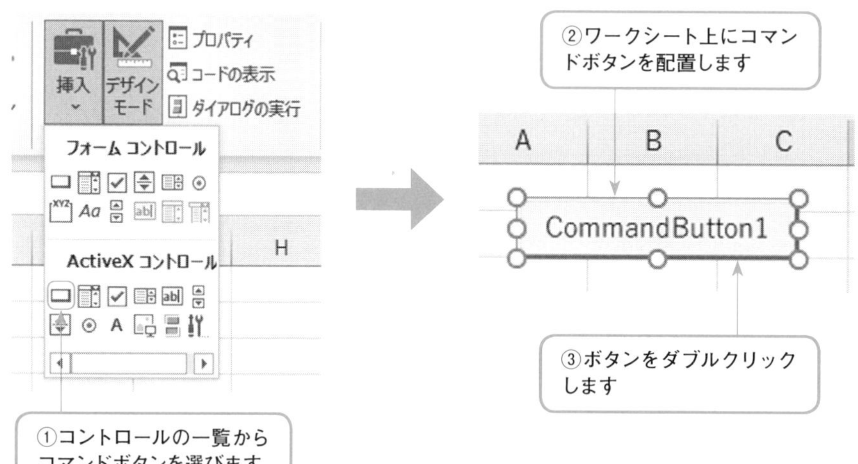
プロパティ
コードの表示
挿入
デザイン モード
ダイアログの実行
フォーム コントロール
ActiveX コントロール
H
①コントロールの一覧からコマンドボタンを選びます
②ワークシート上にコマンドボタンを配置します
A
B
C
CommandButton1
③ボタンをダブルクリックします

Book1 - Sheet1 (コード)
CommandButton1
Click
Private Sub CommandButton1_Click()
End Sub
④VBEが開き、コードウィンドウにイベントプロシージャが作成されます。
この中にコマンドボタンをクリックしたときに実行させる内容を記入します

プロパティウィンドウで指定したコマンドボタンのオブジェクト名と、イベント名として「Click」が選択されています。

```
Private Sub CommandButton1_Click()

End Sub
```

（CommandButton1：オブジェクト名、Click：イベント名）

例

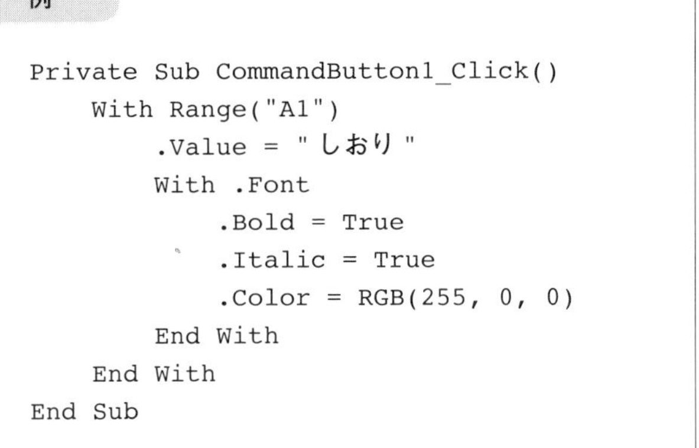

```
Private Sub CommandButton1_Click()
    With Range("A1")
        .Value = " しおり "
        With .Font
            .Bold = True
            .Italic = True
            .Color = RGB(255, 0, 0)
        End With
    End With
End Sub
```

実行結果

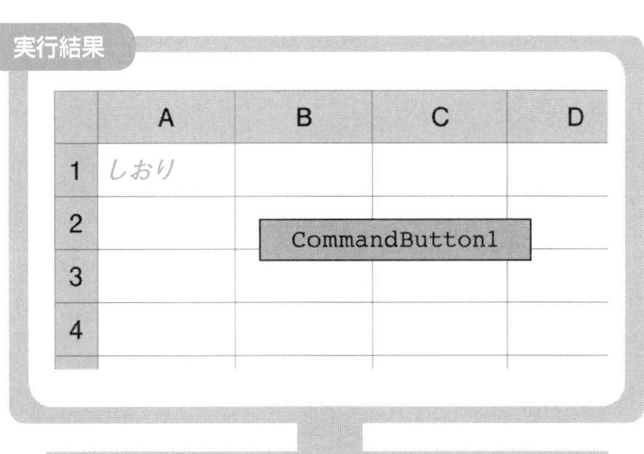
A
B
C
D
1
しおり
2
CommandButton1
3
4

ラベル・テキストボックス

コントロールのラベルとテキストボックスを紹介します。

ラベル

ラベルは、文字を表示するためのコントロールです。

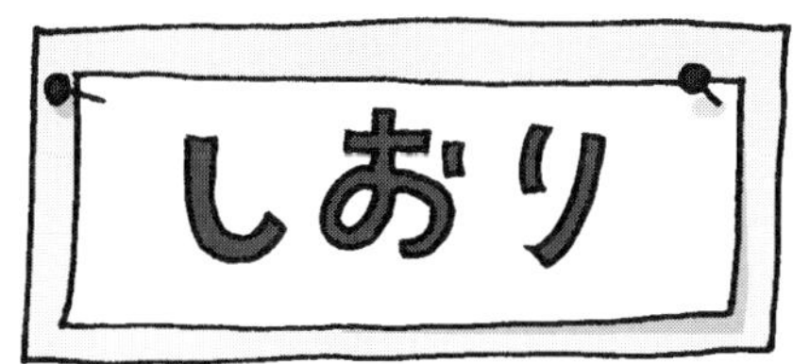

しおり

≫Captionプロパティ

ラベルに表示する文字（見出し）を設定するには、**Caption**（キャプション）プロパティで指定します。

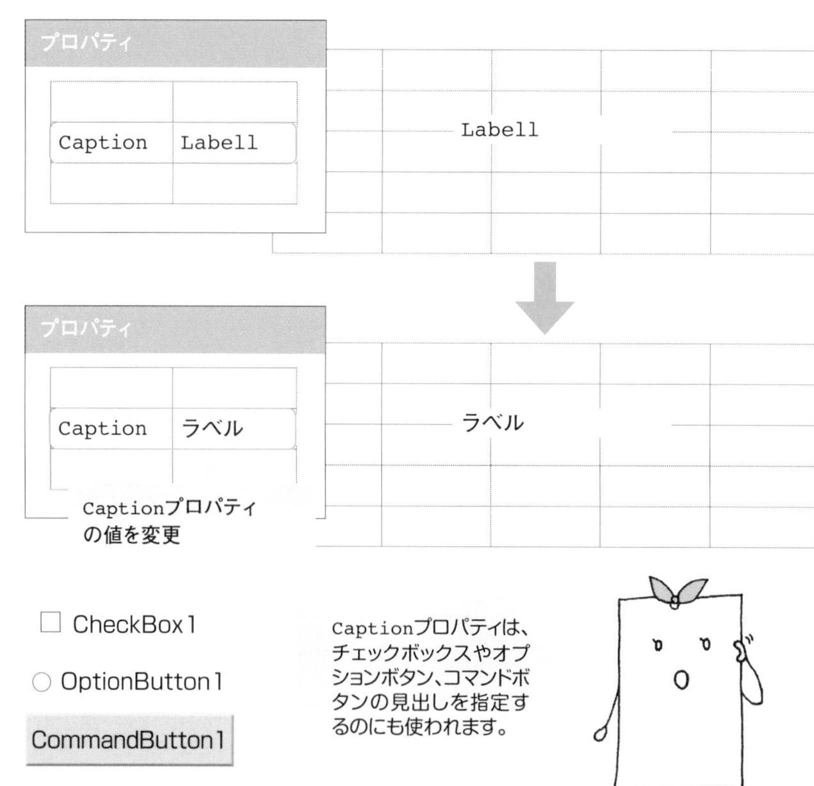

プロパティ
Caption Labell
Labell
プロパティ
Caption ラベル
ラベル
Captionプロパティの値を変更
CheckBox1
OptionButton1
CommandButton1
Captionプロパティは、チェックボックスやオプションボタン、コマンドボタンの見出しを指定するのにも使われます。

テキストボックス

テキストボックスは、文字を入力するためのコントロールです。

しおり

テキストボックスの
文字は任意で変更
できます。

≫Textプロパティ

Text(テキスト)プロパティでは、テキストボックスにあらかじめ表示しておく文字列を設定できます。テキストボックスに入力された文字列を取得することもできます。

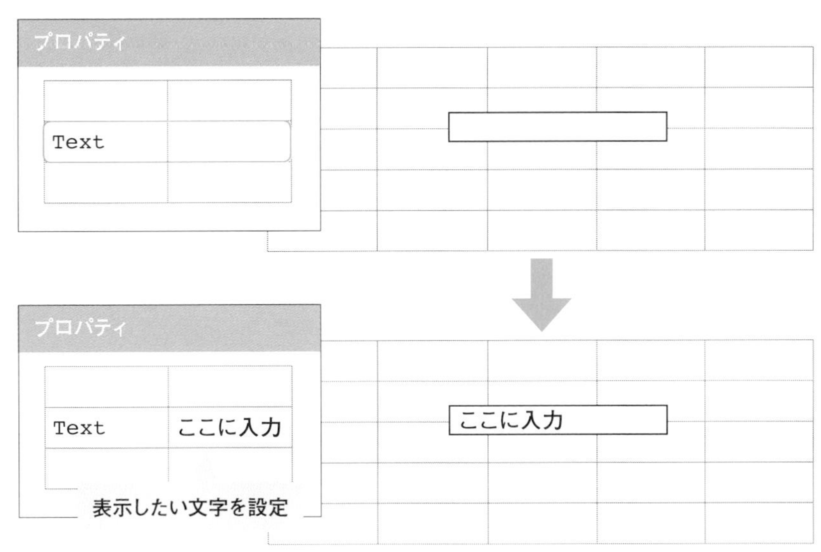
プロパティ
Text
プロパティ
Text
ここに入力
ここに入力
表示したい文字を設定

テキストボックスのText
プロパティと、Valueプロ
パティの値は同じです。

チェックボックス

コントロールのチェックボックスを紹介します。

チェックボックスとは?

チェックボックスは、オン、オフという2つの状態を持つコントロールです。2択の項目に使います。

ON

OFF

≫Valueプロパティ

チェックボックスの状態を取得･設定するには、**`Value`**プロパティを使います。

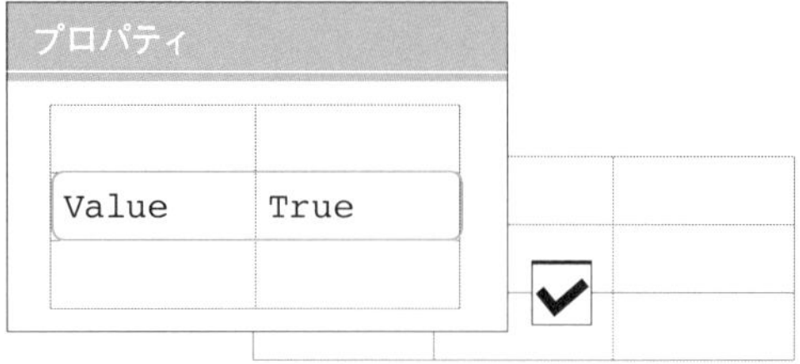
プロパティ
Value True

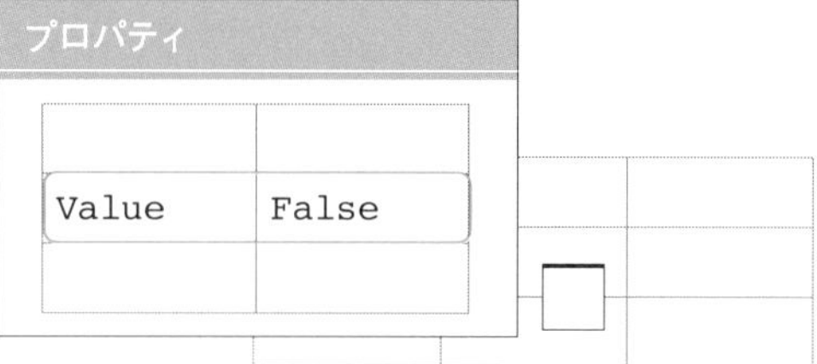
プロパティ
Value False

≫Clickイベント

ほとんどのコントロールでは、クリックしたときに**`Click`イベント**が発生します。Excelのワークシートに配置したコントロールを、デザインモードでダブルクリックすると、イベントプロシージャが作成できます。

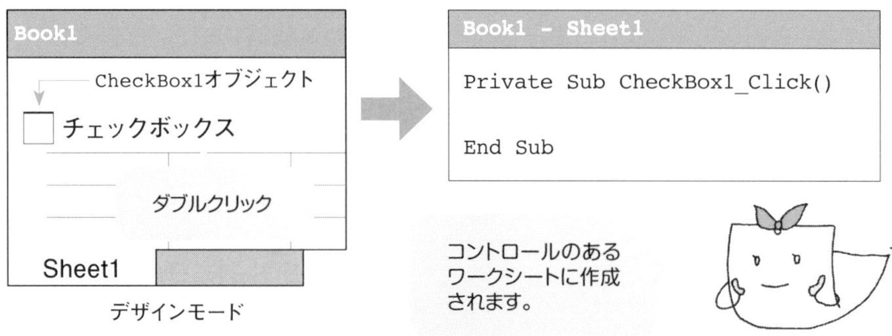
Book1
CheckBox1オブジェクト
チェックボックス
ダブルクリック
Sheet1
デザインモード
Book1 - Sheet1
Private Sub CheckBox1_Click()
End Sub
コントロールのある
ワークシートに作成
されます。

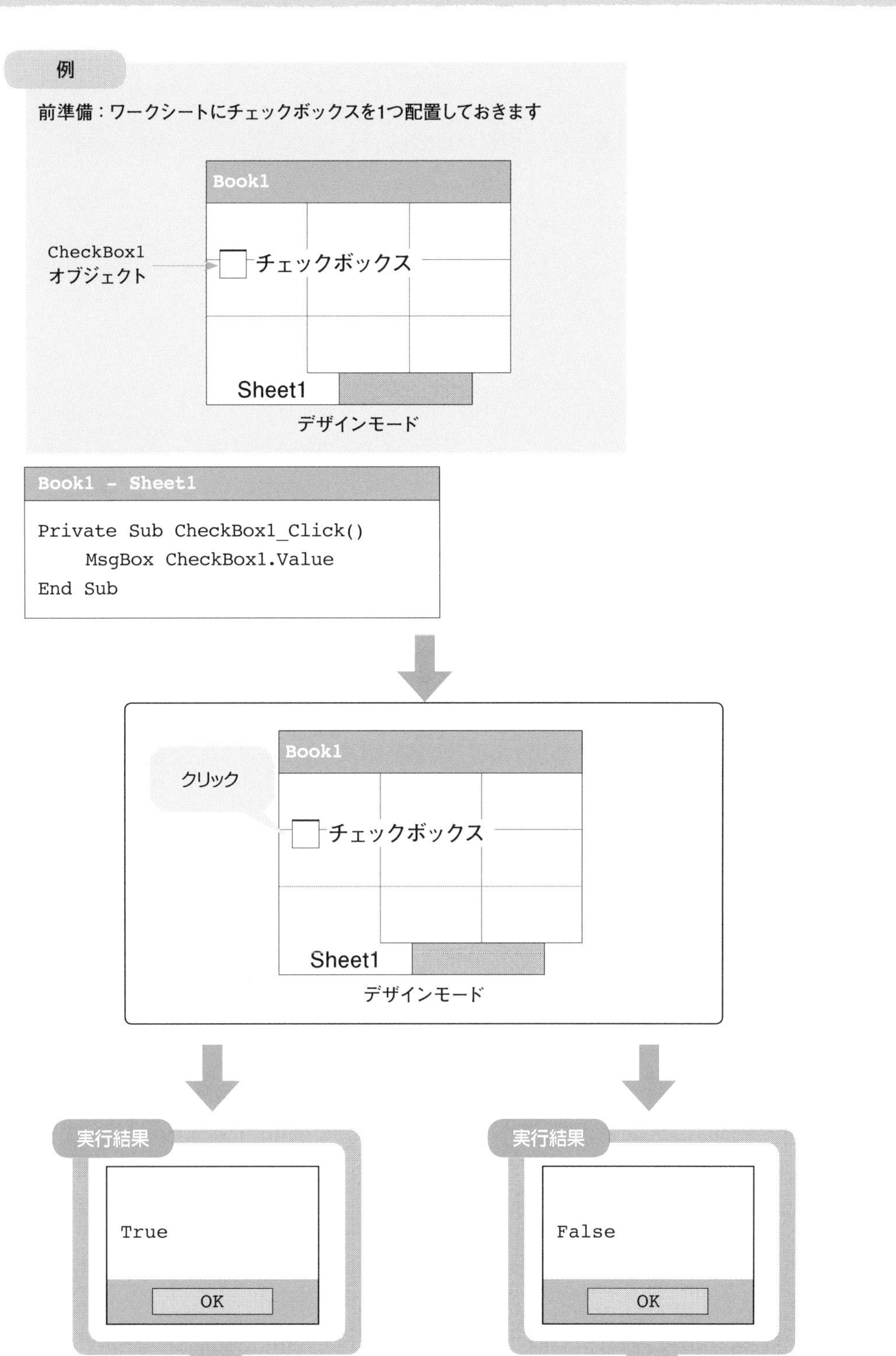
例
前準備：ワークシートにチェックボックスを1つ配置しておきます
Book1
CheckBox1
オブジェクト
チェックボックス
Sheet1
デザインモード
Book1 - Sheet1
Private Sub CheckBox1_Click()
    MsgBox CheckBox1.Value
End Sub
Book1
クリック
チェックボックス
Sheet1
デザインモード
実行結果
True
OK
※チェックボックスをオンにした場合
実行結果
False
OK
※チェックボックスをオフにした場合

オプションボタン

コントロールのオプションボタンを紹介します。

オプションボタンとは?

オプションボタンは、いくつかの項目の中から1つだけを選択できるコントロールです。オン、オフという2つの状態を持ちます。

ON

ON
A
B
C

OFF

OFF
A
B
C

≫Valueプロパティ

オプションボタンの状態を取得・設定するには、**Value**プロパティを使います。

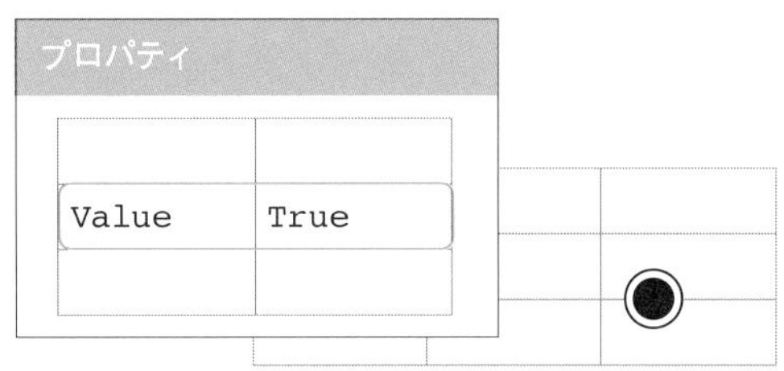
プロパティ
Value
True

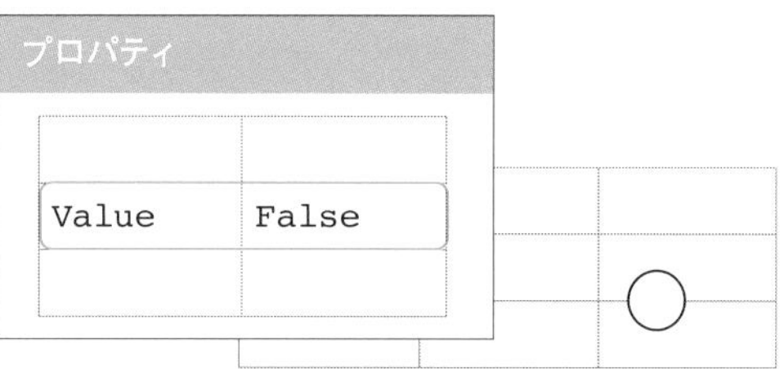
プロパティ
Value
False

≫グループ化

フォームで、フレームコントロールの中にオプションボタンを配置すると、フレーム内に配置したオプションボタンをグループ化することができます。

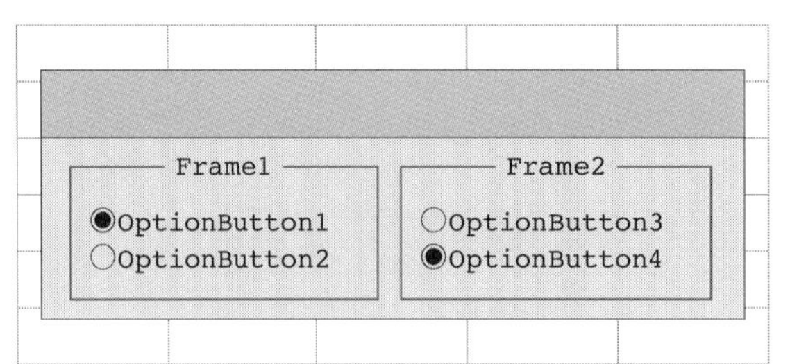
Frame1
OptionButton1
OptionButton2
Frame2
OptionButton3
OptionButton4

グループが違えば、複数の項目をONにできます。

ワークシートに配置したオプションボタンをグループ化するには、グループにしたいオプションボタンの**GroupName**（グループネーム）プロパティの値を同じにします。

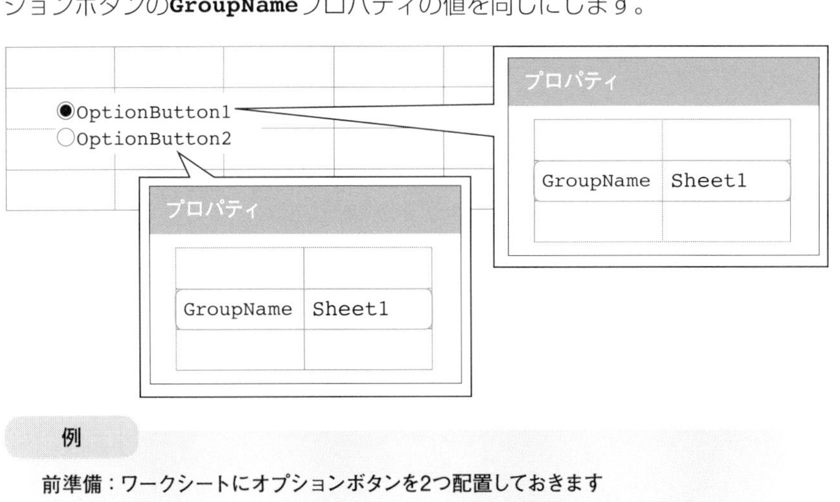

OptionButton1
OptionButton2
プロパティ
GroupName Sheet1
プロパティ
GroupName Sheet1

例

前準備：ワークシートにオプションボタンを2つ配置しておきます

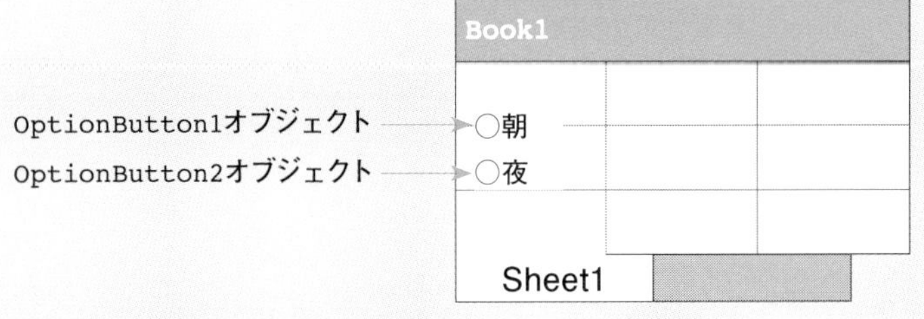

OptionButton1オブジェクト
OptionButton2オブジェクト
Book1
朝
夜
Sheet1

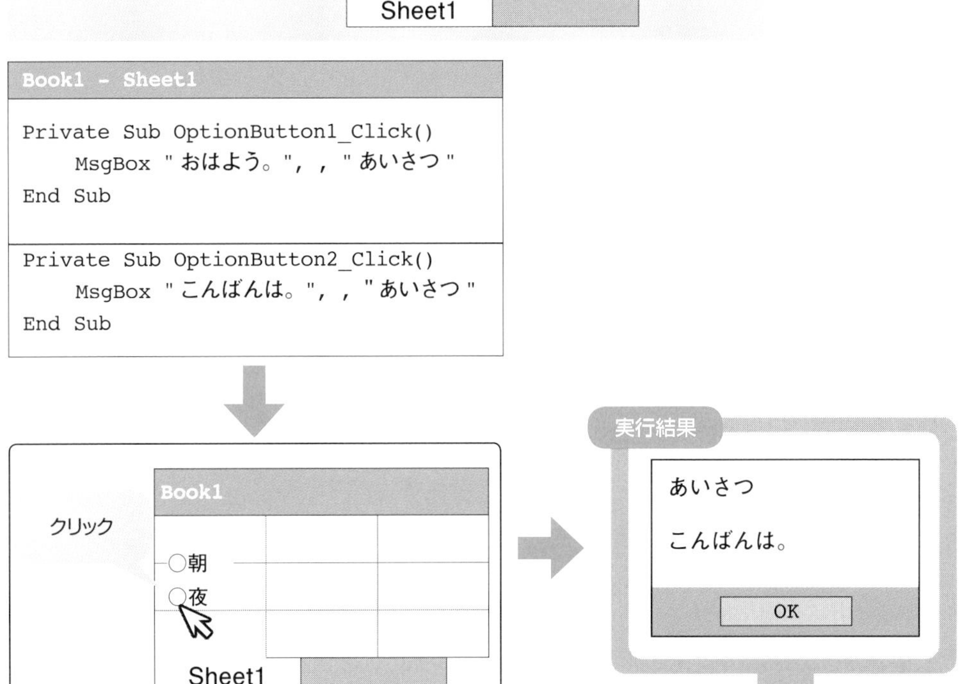

Book1 - Sheet1


```
Private Sub OptionButton1_Click()
    MsgBox "おはよう。", , "あいさつ"
End Sub

Private Sub OptionButton2_Click()
    MsgBox "こんばんは。", , "あいさつ"
End Sub
```


クリック
Book1
朝
夜
Sheet1
実行結果
あいさつ
こんばんは。
OK

1
マクロ

2
VBAプログラミングの基礎

3
演算子

4
関数とプロシージャ

5
制御文

6
Excelオブジェクトの基礎

7
Excelオブジェクトの実践

8 コントロールとフォーム

9
付録

コマンドボタン・トグルボタン

コントロールのコマンドボタンとトグルボタンを紹介します。

コマンドボタン

コマンドボタンは、クリックするとへこむ普通のボタンです。クリックされたときに、なんらかの処理を実行したい場合に使います。

例

前準備：ワークシートにテキストボックスとコマンドボタンを1つずつ配置しておきます

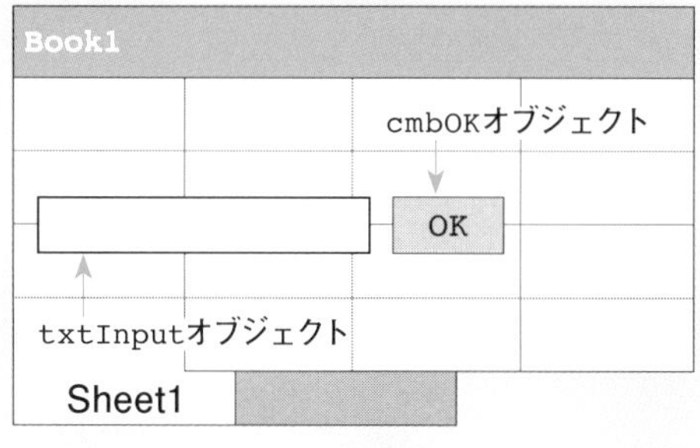
Book1
cmbOKオブジェクト
OK
txtInputオブジェクト
Sheet1

Book1 - Sheet1

```
Private Sub cmbOK_Click()
    If txtInput.Text <> "" Then
        MsgBox txtInput.Text
    End If
End Sub
```

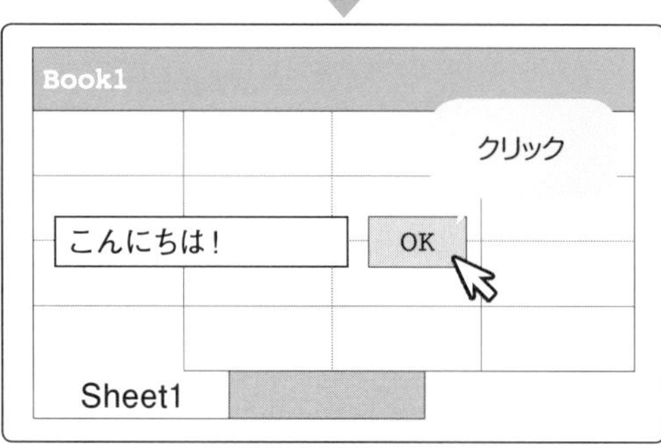
Book1
クリック
こんにちは!
OK
Sheet1

実行結果

こんにちは！

OK

テキストボックスに入力した文字が、メッセージボックスに表示されます

トグルボタン

トグルボタンは、クリックするとへこんだ状態になり、もう一度クリックすると元に戻るボタンです。クリックのたびにオンとオフが切り替わります。

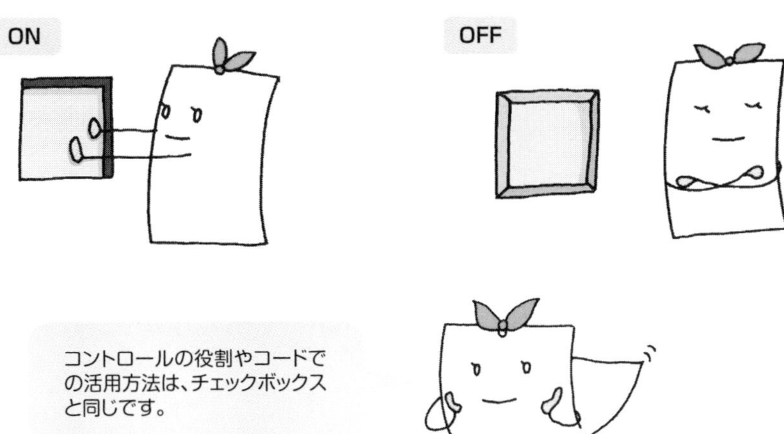
ON
OFF
コントロールの役割やコードでの活用方法は、チェックボックスと同じです。

≫Valueプロパティ

トグルボタンの状態を取得・設定するには、`Value`プロパティを使います。

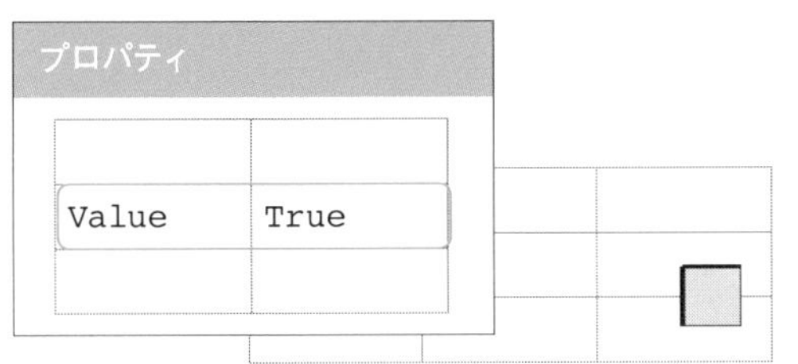
プロパティ
Value
True

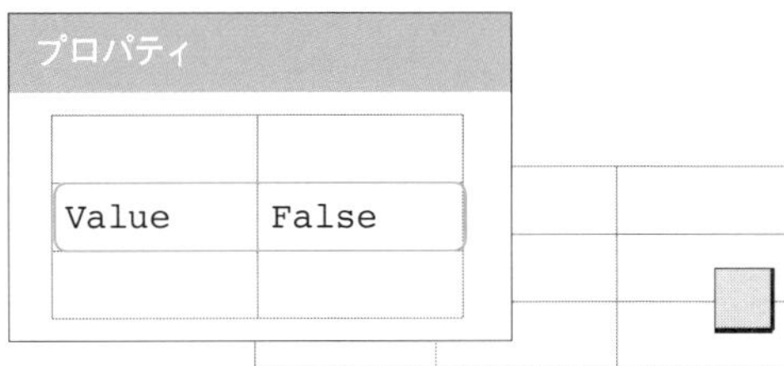
プロパティ
Value
False

マクロ

VBAプログラミングの基礎

演算子

関数とプロシージャ

制御文

Excelオブジェクトの基礎

Excelオブジェクトの実践

コントロールとフォーム

付録

リストボックス・コンボボックス

コントロールのリストボックスとコンボボックスを紹介します。

リストボックスとコンボボックス

リストボックス

しおり
かおり
さおり

リストボックスは、リストの中から選択するコントロールです。リストにある項目しか選択することはできませんが、複数項目を選択することが可能です。

コンボボックス

しおり
かおり
さおり

コンボボックスは、右端の▼をクリックするとリストが表示され、そのリストから1つを選択するコントロールです。コンボボックスには、直接文字を入力することもできます。

≫ListFillRangeプロパティ

リストフィルレンジ
ListFillRangeプロパティを使うと、ワークシートのセルにあるデータをリストボックスやコンボボックスに表示できます。

	A	B	C
1	りんご		
2	みかん		
3	いちご		
4			

セルの範囲を指定します

プロパティ

ListFillRange	A1:A3

A1～A3の内容がリストボックスに表示されます

	A	B	C
1	りんご	りんご	
2	みかん	みかん	
3	いちご	いちご	
4			

≫Valueプロパティ

リストボックスやコンボボックスの選択項目を設定·取得するには、`Value`プロパティを使います。

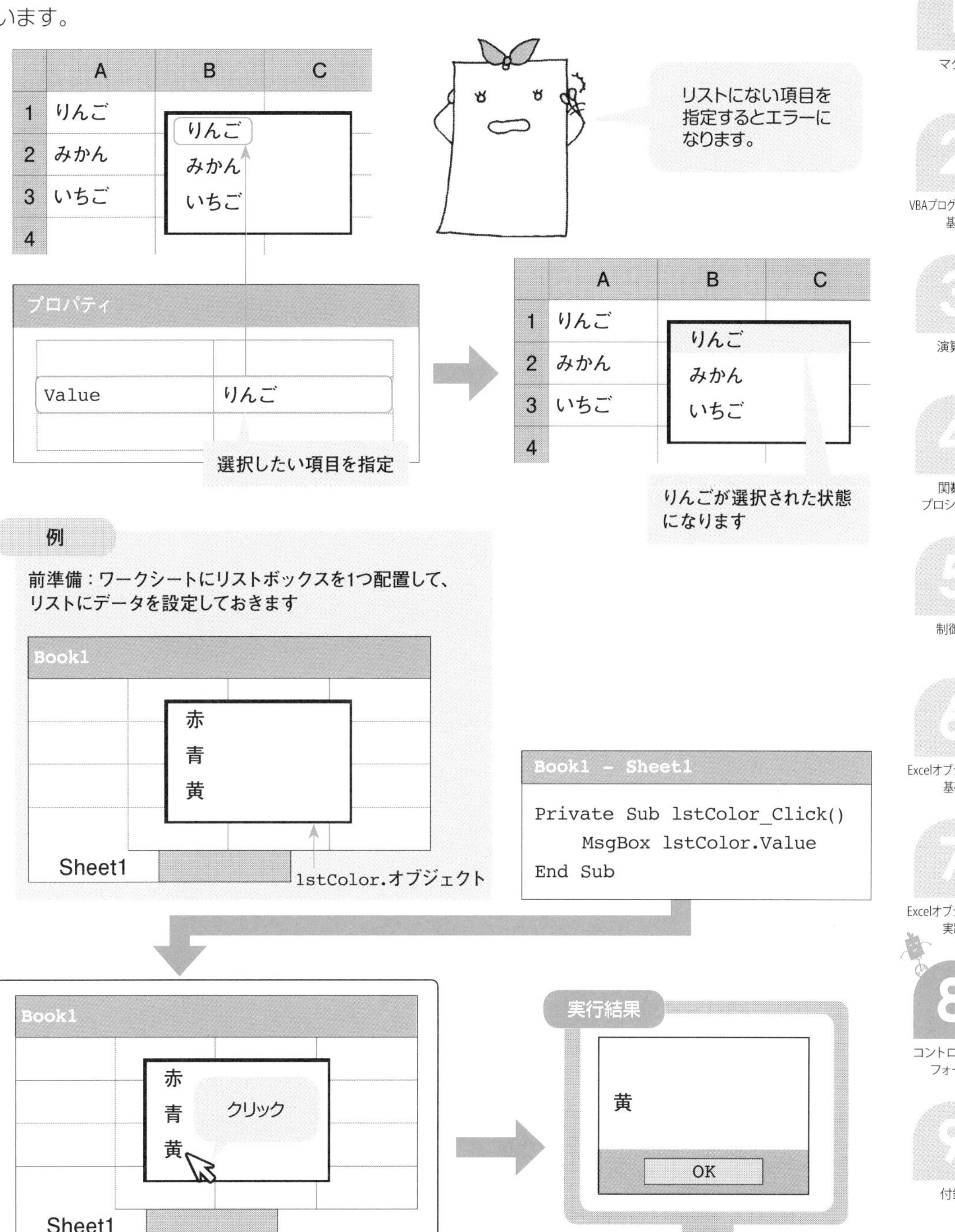

A
B
C
1 りんご
2 みかん
3 いちご
4
りんご
みかん
いちご
リストにない項目を指定するとエラーになります。
プロパティ
Value
りんご
選択したい項目を指定
りんごが選択された状態になります
例
前準備：ワークシートにリストボックスを1つ配置して、リストにデータを設定しておきます
Book1
赤
青
黄
Sheet1
lstColor.オブジェクト
Book1 - Sheet1
Private Sub lstColor_Click()
MsgBox lstColor.Value
End Sub
クリック
実行結果
黄
OK

フォームの作成

Excel の VBE でフォームを作成してみましょう。

Excelでのフォームの作成

Excelのフォームは**ユーザーフォーム**と呼ばれます。ユーザーフォームを作成するには、VBEを開き、［挿入］メニュー→［ユーザーフォーム］を選択します。

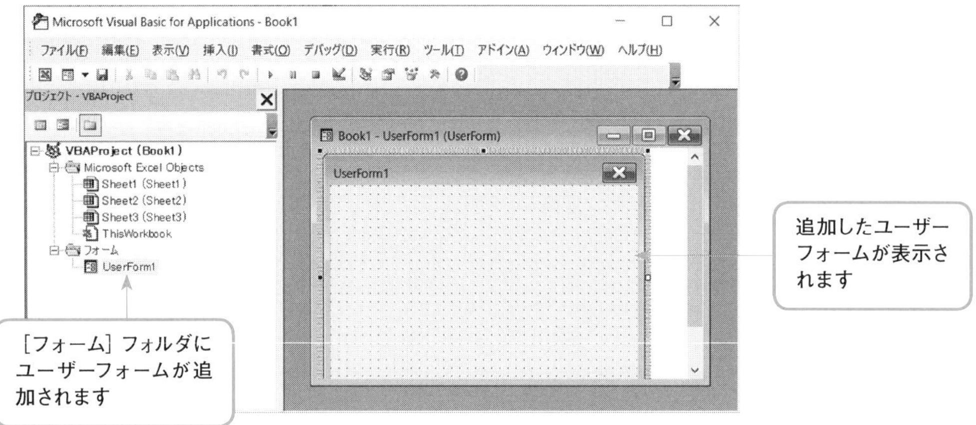

Microsoft Visual Basic for Applications - Book1
ファイル(F) 編集(E) 表示(V) 挿入(I) 書式(O) デバッグ(D) 実行(R) ツール(T) アドイン(A) ウィンドウ(W) ヘルプ(H)
プロジェクト - VBAProject
VBAProject (Book1)
Microsoft Excel Objects
Sheet1 (Sheet1)
Sheet2 (Sheet2)
Sheet3 (Sheet3)
ThisWorkbook
フォーム
UserForm1
Book1 - UserForm1 (UserForm)
UserForm1
追加したユーザーフォームが表示されます
［フォーム］フォルダにユーザーフォームが追加されます

ユーザーフォームを削除するには、プロジェクトエクスプローラで、ユーザーフォームを右クリックし、［（ユーザーフォーム名）の解放］を選択します。

ユーザーフォームへのコントロールの配置

ユーザーフォームにコントロールを配置するには、ツールボックスを使います。

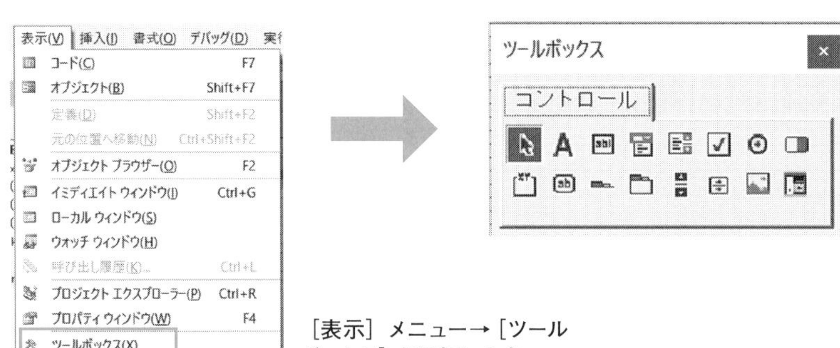

表示(V) 挿入(I) 書式(O) デバッグ(D)
コード(C) F7
オブジェクト(B) Shift+F7
定義(D) Shift+F2
元の位置へ移動(N) Ctrl+Shift+F2
オブジェクト ブラウザー(O) F2
イミディエイト ウィンドウ(I) Ctrl+G
ローカル ウィンドウ(S)
ウォッチ ウィンドウ(H)
呼び出し履歴(K)... Ctrl+L
プロジェクト エクスプローラー(P) Ctrl+R
プロパティ ウィンドウ(W) F4
ツールボックス(X)
タブ オーダー(A)
ツールボックス
コントロール

［表示］メニュー→［ツールボックス］を選択します。

ユーザーフォームの操作

≫ユーザーフォームを開く

ユーザーフォームを表示するには、**Load**（ロード）メソッドと**Show**（ショウ）メソッドを使います。

ユーザーフォームのオブジェクト名

```
Load UserForm1
UserForm1.Show
```

- Load UserForm1 ← ユーザーフォームを読み込みます
- UserForm1.Show ← ユーザーフォームを表示します。この記述だけでもフォームを開けます

ユーザーフォームを一時的に非表示にする場合は**Hide**メソッドを使います。

≫ユーザーフォームを閉じる

ユーザーフォームを閉じるには、**Unload**（アンロード）ステートメントを使います。

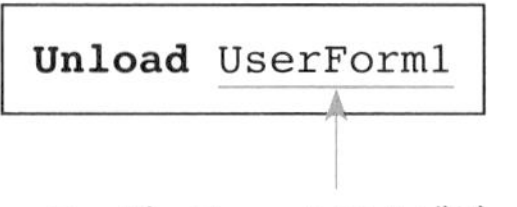

```
Unload UserForm1
```

ユーザーフォームのオブジェクト名

例

前準備：ワークシートにコマンドボタンを配置します。また、ユーザーフォームを用意しておきます

btnOpenオブジェクト

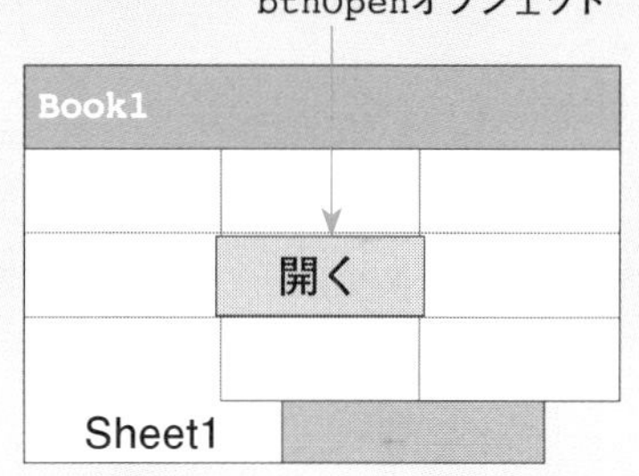
Book1
開く
Sheet1

UserForm1オブジェクト

UserForm1
閉じる

btnCloseオブジェクト

Book1 - Sheet1

```
Private Sub btnOpen_Click()
    UserForm1.Show
End Sub
```

Book1 - UserForm1

```
Private Sub btnClose_Click()
    Unload UserForm1
End Sub
```

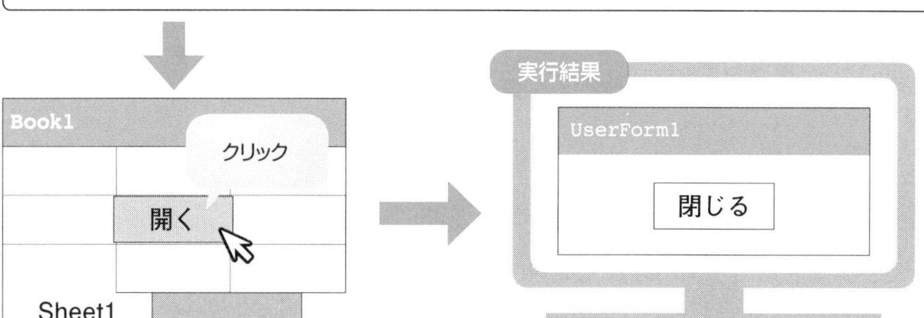
Book1
クリック
開く
Sheet1
実行結果
UserForm1
閉じる

サンプルプログラム

●リスト項目の追加と削除

テキストボックスに入力したデータをリストボックスに追加したり、リストボックスの項目を削除したりするユーザーフォームを作成してみましょう。

前準備：ユーザーフォームにリストボックスを1つ、テキストボックスを1つ、コマンドボタンを2つ配置しておきます。

UserForm1
ListBoxオブジェクト
TextBox1オブジェクト
追加
削除
cmbClearオブジェクト
cmbAddオブジェクト

ソースコード UserForm1

```
Private Sub cmbAdd_Click()
    If TextBox1.Value <> "" Then
        ListBox1.AddItem (TextBox1.Value)
        ListBox1.Selected(ListBox1.ListCount - 1) = True
    End If
End Sub
```

リストボックスに指定した項目を追加します（ListBox1.AddItem (TextBox1.Value)）

最後の項目を選択された状態にします（ListBox1.Selected(ListBox1.ListCount - 1) = True）

```
Private Sub cmbClear_Click()
    If ListBox1.Value <> "" Then
        ListBox1.RemoveItem (ListBox1.ListIndex)
    End If
End Sub
```

リストボックスから選択している項目を削除します。（ListBox1.RemoveItem）

最初の項目のインデックス番号は0です（ListBox1.ListIndex）

```
Private Sub ListBox1_Change()
    TextBox1.Value = ListBox1.Value
End Sub
```

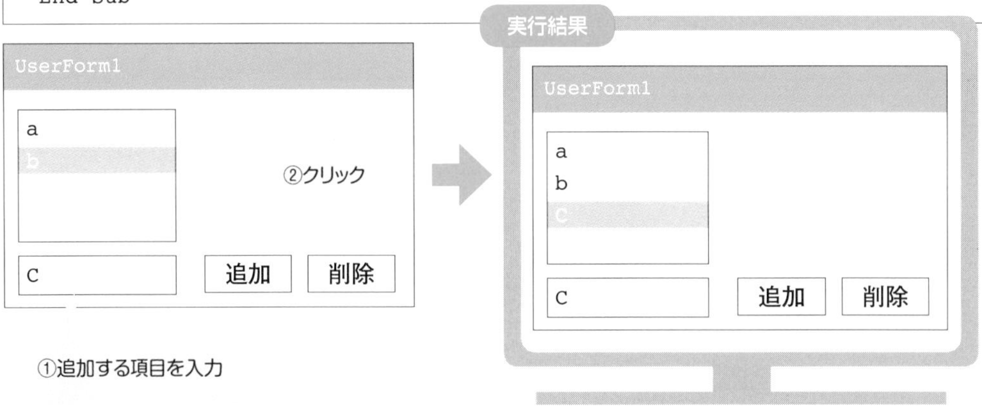

実行結果

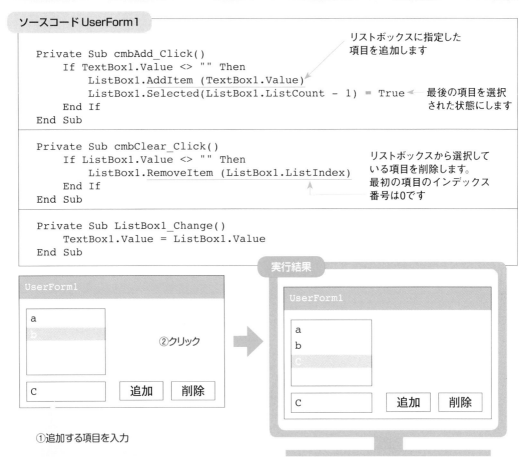

UserForm1
a
b
c
追加
削除
②クリック
①追加する項目を入力

UserForm1
a
b
c
c
追加
削除

●異なるオブジェクトのコントロール操作

Excelのワークシートにテキストボックスを配置し、入力されたデータをユーザーフォームに表示します。

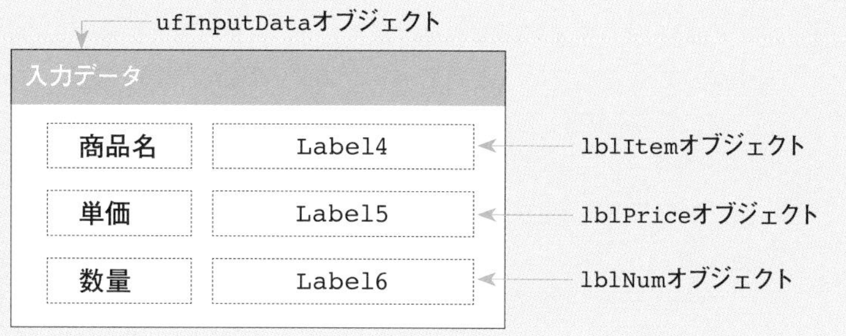
前準備①：ユーザーフォームにラベルを6つ配置しておきます。
ufInputDataオブジェクト
入力データ
商品名
Label4
lblItemオブジェクト
単価
Label5
lblPriceオブジェクト
数量
Label6
lblNumオブジェクト

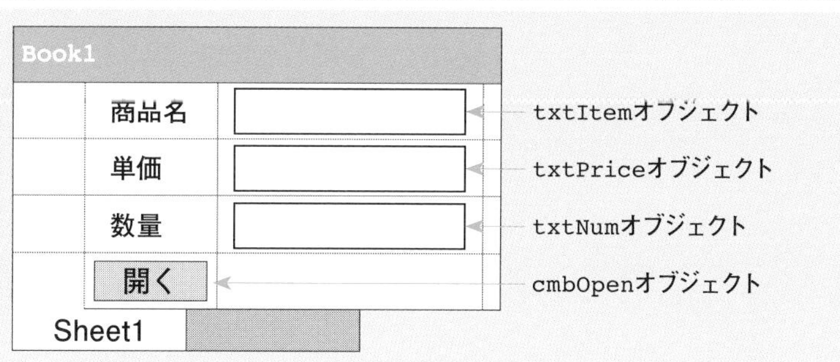
前準備②:ワークシートにテキストボックスを3つ、コマンドボタンを1つ配置します。
Book1
商品名
txtItemオブジェクト
単価
txtPriceオブジェクト
数量
txtNumオブジェクト
開く
cmbOpenオブジェクト
Sheet1

ソースコード UserForm1

```
Private Sub cmbOpen_Click()
    ufInputData.lblItem.Caption = txtItem.Text
    ufInputData.lblPrice.Caption = txtPrice.Text
    ufInputData.lblNum.Caption = txtNum.Text
    ufInputData.Show
End Sub
```

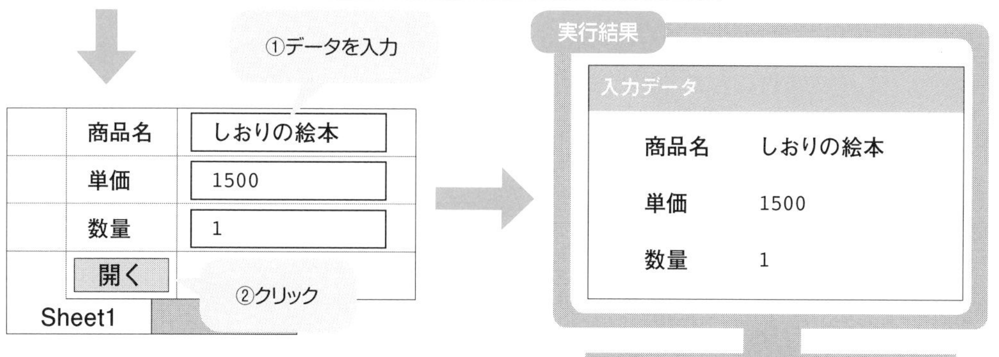
①データを入力
商品名
しおりの絵本
単価
1500
数量
1
開く
②クリック
Sheet1
実行結果
入力データ
商品名
しおりの絵本
単価
1500
数量
1

COLUMN

V

～モーダルとモードレス～

ウィンドウからダイアログを開いたとき、元のウィンドウの操作が行えなくなるダイアログのことを**モーダルダイアログ**といいます。一方、ダイアログを開いた状態でも元のウィンドウが操作できるダイアログのことを**モードレスダイアログ**といいます。

Excelのワークシートからショウメソッドで表示したユーザーフォームは、モーダルなフォームです。つまり、表示されたユーザーフォームでの操作は行えますが、ワークシートでの操作は行えません。

ユーザーフォームを表示するときに、Showメソッドの引数を次のようにすると、ユーザーフォームをモードレスにすることができます。

```
UserForm1.Show vbModeless
```

モーダルなフォームとモードレスなフォームはどのように使い分ければよいのでしょうか。ユーザーフォームで呼び出し側の設定を行う場合など、ユーザーフォーム以外で操作を行われて困る場合には、モーダルで開くようにします。

逆に、ユーザーフォーム以外で操作を行っても問題ない場合には、ユーザーの使いやすさを考慮して、なるべくモードレスにするとよいでしょう。

モーダル
ダイアログ

9

付録

デバッグ

デバッグに便利な VBE の機能を紹介します。

デバッグ

エラーや誤動作を引き起こすプログラムの不具合のことを**バグ**といいます。そして、バグを発見し、修正する作業を**デバッグ**といいます。VBEにもデバッグを行うための便利な機能があります。

ブレークポイント

VBEでは、実行中のプロシージャをあらかじめ設定しておいた位置で停止し、変数の値などを確認することができます。このとき、停止する位置のことを**ブレークポイント**といいます。停止後は、必要に応じて再開することもできます。

ブレークポイントを設定するには、コードウィンドウでコードの左側の部分をクリックします。ブレークポイントのコードは反転表示され、コードの左側には「●」がつきます。「●」をクリックすると、ブレークポイントを解除できます。

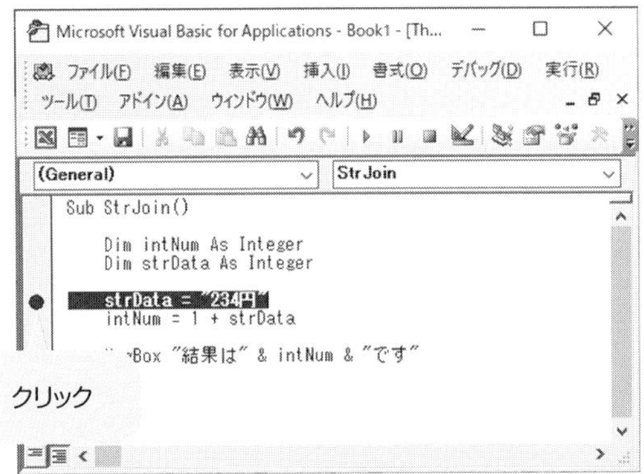
Microsoft Visual Basic for Applications - Book1 - [Th...
ファイル(F) 編集(E) 表示(V) 挿入(I) 書式(O) デバッグ(D) 実行(R)
ツール(T) アドイン(A) ウィンドウ(W) ヘルプ(H)
(General)
StrJoin
Sub StrJoin()
Dim intNum As Integer
Dim strData As Integer
strData = "234円"
intNum = 1 + strData
Box "結果は" & intNum & "です"
クリック

変数などにポインタを乗せると、格納されている値が表示されます。

ステップ実行

プロシージャを1行ずつ実行することを**ステップ実行**といいます。ステップ実行には、次の3種類があります。

種類	ショートカットキー	内容
ステップイン	F8	コードを1行単位で実行。関数（プロシージャ）呼び出しの場合、その内部に入る
ステップオーバー	Shift+F8	コードを1行単位で実行。ただし、関数（プロシージャ）内部には入らない
ステップアウト	Ctrl+Shift+F8	関数（プロシージャ）内で残りのコードをすべて実行し、呼び出し元に戻る

たとえば、ステップ実行したいプロシージャのコードにカーソルを移動して［デバッグ］メニュー → ［ステップ イン］を選択すると、プロシージャを1行ずつ実行できます。

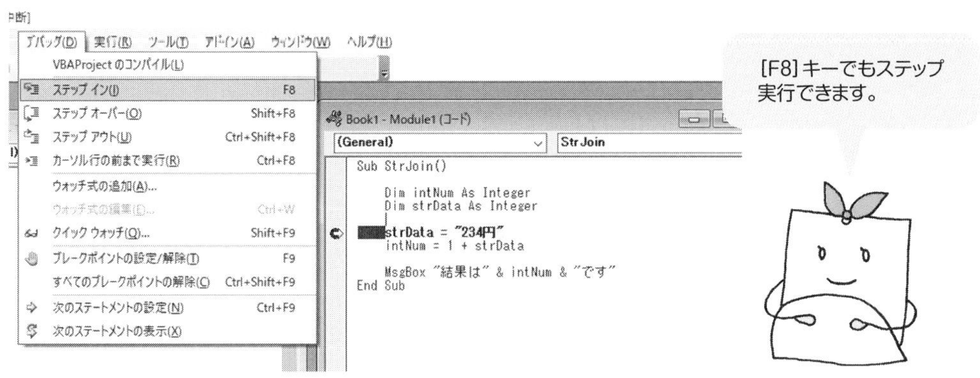

デバッグ(D)
実行(R)
ツール(T)
アドイン(A)
ウィンドウ(W)
ヘルプ(H)
VBAProject のコンパイル(L)
ステップ イン(I) F8
ステップ オーバー(O) Shift+F8
ステップ アウト(U) Ctrl+Shift+F8
カーソル行の前まで実行(R) Ctrl+F8
ウォッチ式の追加(A)...
ウォッチ式の編集(E)... Ctrl+W
クイック ウォッチ(Q)... Shift+F9
ブレークポイントの設定/解除(T) F9
すべてのブレークポイントの解除(C) Ctrl+Shift+F9
次のステートメントの設定(N) Ctrl+F9
次のステートメントの表示(X)
Book1 - Module1 (コード)
(General)
StrJoin
Sub StrJoin()
Dim intNum As Integer
Dim strData As Integer
strData = "234円"
intNum = 1 + strData
MsgBox "結果は" & intNum & "です"
End Sub
[F8] キーでもステップ実行できます。

ローカルウィンドウ

ローカルウィンドウには、ブレークポイントで停止した時点の変数とその値が表示されます。ローカルウィンドウが表示されていない場合には、VBEの［表示］メニュー -［ローカルウィンドウ］を選択すると表示できます。

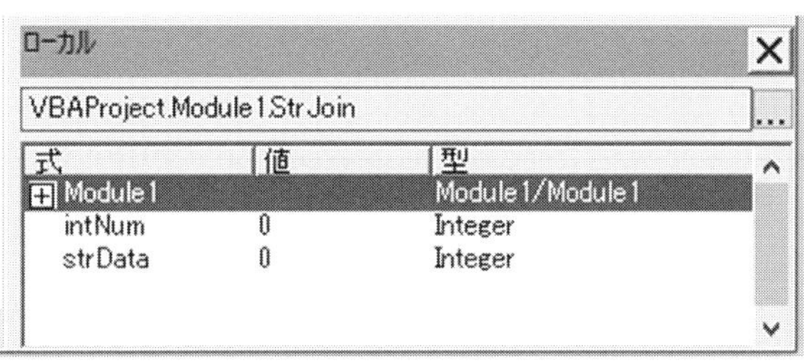

ローカル
VBAProject.Module1.StrJoin
式 値 型
Module1 Module1/Module1
intNum 0 Integer
strData 0 Integer

イミディエイトウィンドウ

イミディエイトウィンドウは、処理を中断せずに、変数やプロパティの値を確認したり、計算やステートメントを実行したりできるウィンドウです。VBEの［表示］メニュー -［イミディエイトウィンドウ］を選択すると表示できます。

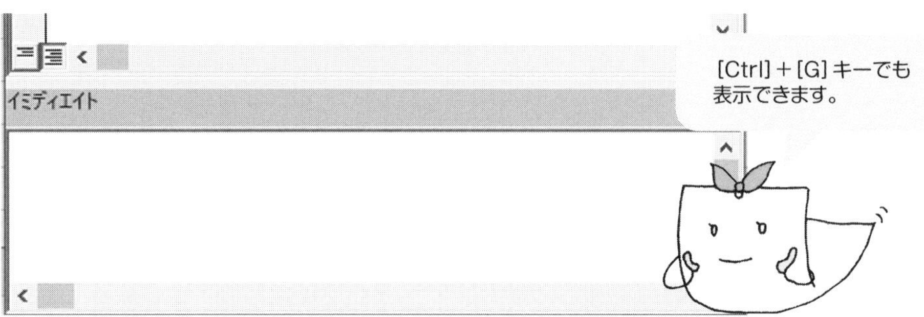

イミディエイト
[Ctrl]＋[G] キーでも
表示できます。

»値を表示する

「?」に続けて変数やプロパティ、式などを入力し［Enter］キーを押すと、次の行に値が表示されます。

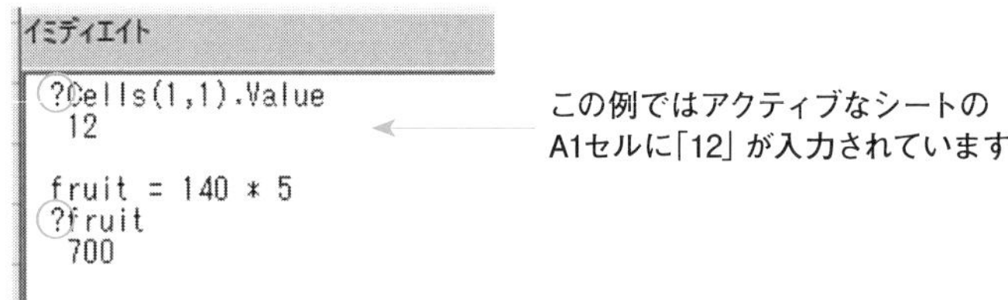

イミディエイト
?Cells(1,1).Value
12
fruit = 140 * 5
?fruit
700
この例ではアクティブなシートの
A1セルに「12」が入力されています

プロシージャにブレークポイント（188ページ）を設定し、プロシージャが中断した状態で同様の操作を行うと、その時点の値などを確認できます。

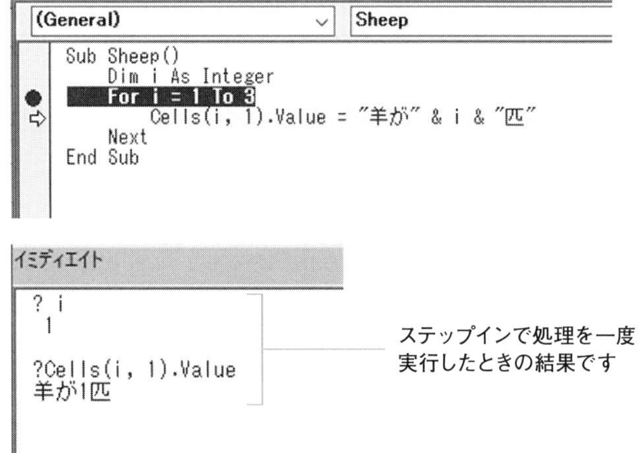

(General)
Sheep
Sub Sheep()
Dim i As Integer
For i = 1 To 3
Cells(i, 1).Value = "羊が" & i & "匹"
Next
End Sub
イミディエイト
? i
1
?Cells(i, 1).Value
羊が1匹
ステップインで処理を一度
実行したときの結果です

≫Debug.Print

Debug.Printを使って、値をイミディエイトウィンドウに表示させることもできます。Debug.Printに続けて、出力したい変数や式、プロパティなどを記述します。

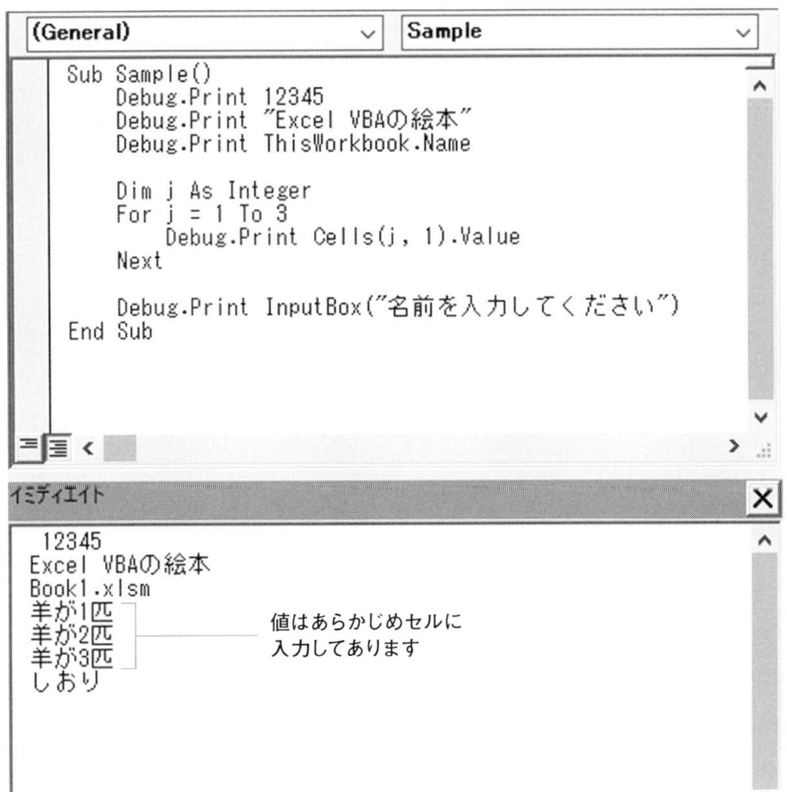
(General)
Sample
Sub Sample()
    Debug.Print 12345
    Debug.Print "Excel VBAの絵本"
    Debug.Print ThisWorkbook.Name

    Dim j As Integer
    For j = 1 To 3
        Debug.Print Cells(j, 1).Value
    Next

    Debug.Print InputBox("名前を入力してください")
End Sub
イミディエイト
12345
Excel VBAの絵本
Book1.xlsm
羊が1匹
羊が2匹
羊が3匹
しおり
値はあらかじめセルに
入力してあります

PublicとPrivate

変数と同様、プロシージャにも有効範囲があります。

Publicプロシージャとprivateプロシージャ

プロシージャには有効な範囲（スコープ）があり、その範囲によって**Public**（パブリック）**プロシージャ**と**Private**（プライベート）**プロシージャ**の2種類に分類できます。どちらも、ステートメントの先頭にキーワードを付けて指定します。

Publicプロシージャ	同じプロジェクト内のモジュールにある、すべてのプロシージャから呼び出すことができます。
Privateプロシージャ	このプロシージャが定義されたモジュール内にあるプロシージャからのみ呼び出すことができます。

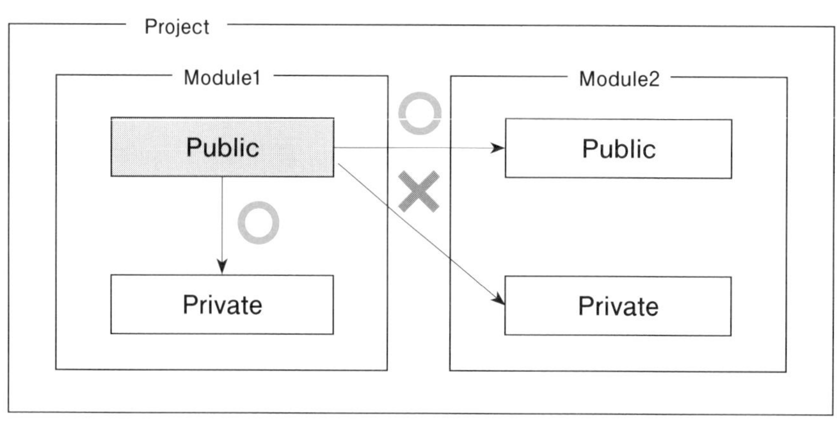
Project
Module1
Module2
Public
Private
Public
Private

ここではModule1のPublicプロシージャから、それぞれのプロシージャを呼び出そうとしています。

PublicやPrivateのキーワードは省略できます。標準モジュールに記述されたプロシージャのデフォルトはPublicなので、省略した場合はPublicプロシージャとして扱われます。なお、シートやブック、ユーザーフォームなどのオブジェクトモジュールに記述したプロシージャや変数はすべてPrivate扱いになります。

実際に標準モジュールを2つ追加し、それぞれに次のようなプロシージャを用意して確認してみましょう。

Module1

```
Public Sub M1()
    Call M2a
    Call M2b
End Sub
```

Module2

```
Public Sub M2a()
    MsgBox "Public を指定 "
End Sub
```

```
Private Sub M2b()
    MsgBox "Private を指定 "
End Sub
```

Module1のM1プロシージャを実行しようとすると、下のようなエラーが表示されます。

Microsoft Visual Basic for Applications
コンパイル エラー:
Sub または Function が定義されていません。
OK
ヘルプ

M2bプロシージャは別のモジュールでPrivateに指定されているので、M1プロシージャからは呼び出せません。

また、[マクロ] ダイアログには、Privateに指定されたM2bプロシージャは表示されません。

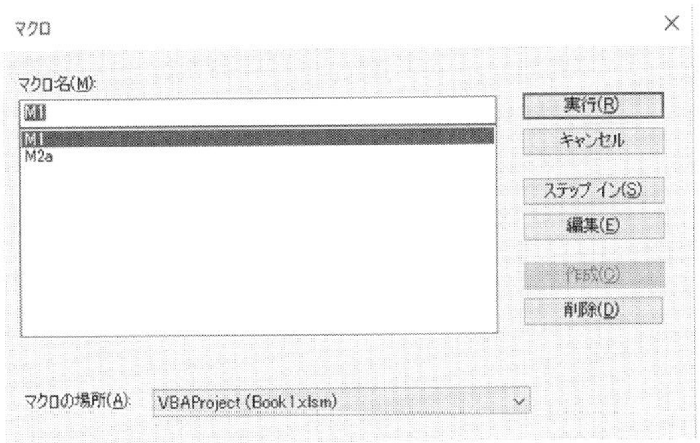
マクロ
マクロ名(M):
M1
M1
M2a
実行(R)
キャンセル
ステップ イン(S)
編集(E)
作成(C)
削除(D)
マクロの場所(A):
VBAProject (Book1.xlsm)

≫Public変数とPrivate変数

72ページで基本的な変数のスコープを学びましたが、変数にもPublicやPrivateを付けて、有効範囲を指定できます。考え方は左ページの図と同じですが、宣言の際にDimは使わないので注意しましょう。

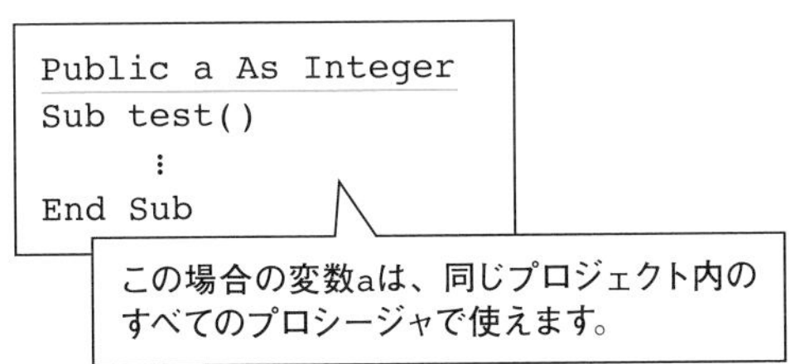

```
Public a As Integer
Sub test()
    ⋮
End Sub
```

この場合の変数aは、同じプロジェクト内のすべてのプロシージャで使えます。

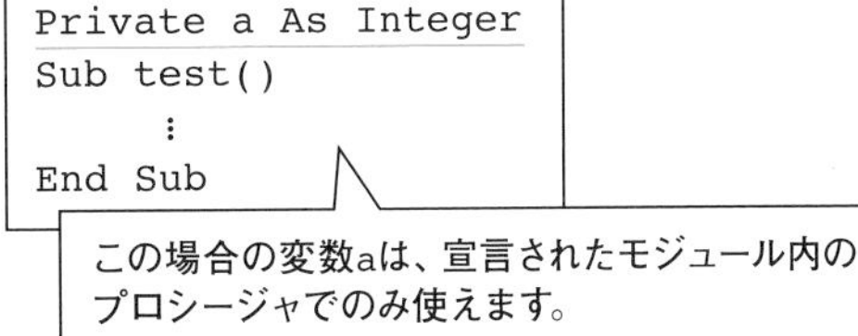

```
Private a As Integer
Sub test()
    ⋮
End Sub
```

この場合の変数aは、宣言されたモジュール内のプロシージャでのみ使えます。

XMLの読み込み

参照設定とは、VBA で拡張機能を使えるようにするための仕組みです。XML の読み込みを例に、見ていきましょう。

参照設定

XMLを扱うときは、XMLパーサーと呼ばれるXML解釈ツールを利用すると便利です。VBAでは、MSXMLというXMLパーサーが利用できます。MSXMLは、次のように**参照設定**で追加して使います。

参照設定では、さまざまな機能を追加できます。ダイアログ ボックスで確認してみましょう。

≫追加の方法

VBEを起動し、[ツール] - [参照設定] をクリックします。

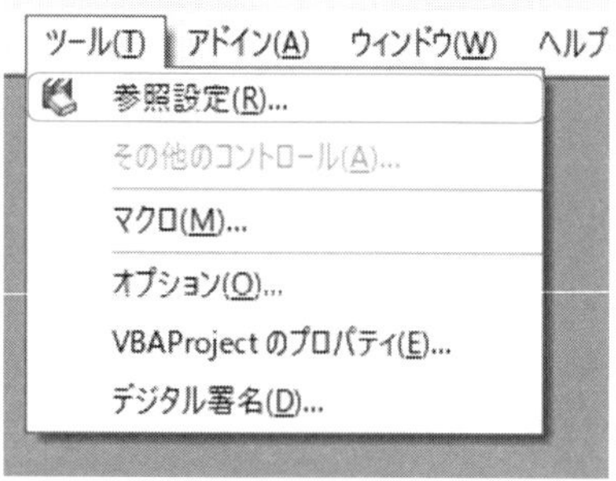
ツール(T)
アドイン(A)
ウィンドウ(W)
ヘルプ
参照設定(R)...
その他のコントロール(A)...
マクロ(M)...
オプション(O)...
VBAProject のプロパティ(E)...
デジタル署名(D)...

[参照設定] ダイアログ ボックスが表示されるので、「Microsoft XML, v6.0」にチェックを入れ、[OK] ボタンをクリックします。

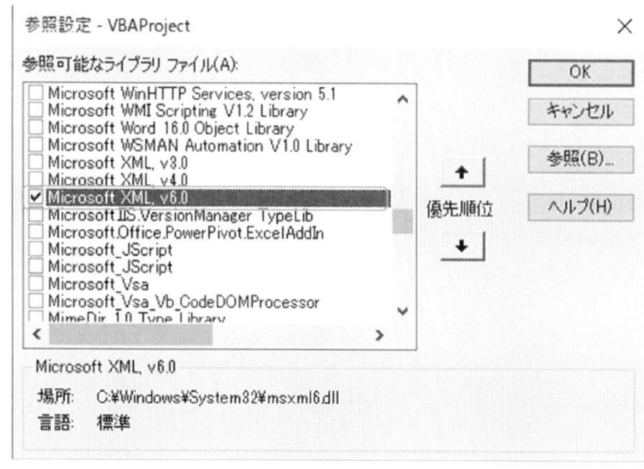
参照設定 - VBAProject
参照可能なライブラリ ファイル(A):
Microsoft WinHTTP Services, version 5.1
Microsoft WMI Scripting V1.2 Library
Microsoft Word 16.0 Object Library
Microsoft WSMAN Automation V1.0 Library
Microsoft XML, v3.0
Microsoft XML, v4.0
Microsoft XML, v6.0
Microsoft IIS.VersionManager TypeLib
Microsoft.Office.PowerPivot.ExcelAddIn
Microsoft_JScript
Microsoft_JScript
Microsoft_Vsa
Microsoft_Vsa_Vb_CodeDOMProcessor
OK
キャンセル
参照(B)...
ヘルプ(H)
優先順位
Microsoft XML, v6.0
場所: C:¥Windows¥System32¥msxml6.dll
言語: 標準

以上でXMLが扱えるようになります。

XMLの読み込み

実際にXMLファイル（拡張子は「.xml」）を用意し、プロシージャを作成して確認してみましょう。

sample.xml

```
<?xml version="1.0" encoding="UTF-8"?>
<dogs>
        <dog>
                <name>いぶき</name>
                <breed>ジャーマン・シェパード</breed>
        </dog>
        <dog>
                <name>だいち</name>
                <breed>ゴールデン・レトリバー</breed>
        </dog>
</dogs>
```

```
Sub XmlTest()

    Dim XmlDoc As MSXML2.DOMDocument60

    Set XmlDoc = New MSXML2.DOMDocument60

    XmlDoc.async = False
    XmlDoc.Load (ThisWorkbook.Path & "¥sample.xml")

    For Each Node In XmlDoc.SelectNodes("/dogs/dog")
        Debug.Print Node.Text
    Next

    Set XmlDoc = Nothing

End Sub
```

- MSXML2.DOMDocument60：XMLドキュメントへのアクセスを可能にするオブジェクトです。参照設定でMicrosoft XML, v6.0を追加すると使えるようになります
- Set XmlDoc = New MSXML2.DOMDocument60：XMLオブジェクトを生成し、参照できるようにします
- XmlDoc.async / XmlDoc.Load：XMLファイルの内容をXMLオブジェクトに読み込みます
- For Each ～ Next：各dogノードのテキストをイミディエイトウィンドウに表示します
- Set XmlDoc = Nothing：Newでオブジェクトを生成したときは、最後にNothingを代入してオブジェクトへの参照を解除しておきます。こうすると、オブジェクトのために確保されていたメモリが解放されます

実行結果

イミディエイト

```
いぶき ジャーマン・シェパード
だいち ゴールデン・レトリバー
```

1 マクロ
2 VBAプログラミングの基礎
3 演算子
4 関数とプロシージャ
5 制御文
6 Excelオブジェクトの基礎
7 Excelオブジェクトの実践
8 コントロールとフォーム
9 付録

Index

[著者紹介]

株式会社アンク（http://www.ank.co.jp/）

ソフトウェア開発から、Webシステム構築、デザイン、書籍執筆まで幅広く手がける会社。著書に絵本シリーズ「『Cの絵本 第2版』『C++の絵本 第2版』『PHPの絵本 第2版』『Pythonの絵本』」ほか、辞典シリーズ「『ホームページ辞典 第6版』『HTML5&CSS3辞典 第2版』『HTMLタグ辞典 第7版』『CSS辞典 第5版』『JavaScript辞典 第4版』」（すべて翔泳社刊）など多数。

■書籍情報はこちら ・・・・・・・http://www.ank.co.jp/books/
■絵本シリーズの情報はこちら ・・・http://www.ank.co.jp/books/data/ehon.html
■翔泳社書籍に関するご質問 ・・・・https://www.shoeisha.co.jp/book/qa/

執筆　新井くみ子、高橋 誠
制作協力　相澤 奈美子、館林 雅彦、春田 慶、星野 泰弘
イラスト　小林 麻衣子

装丁・本文デザイン　坂本 真一郎（クオルデザイン）
DTP　株式会社 アズワン

Excel VBAの絵本
毎日の仕事がはかどる9つの扉

2021年11月10日 初版第1刷発行
2022年 5月15日 初版第2刷発行

著　者　株式会社アンク
発行人　佐々木 幹夫
発行所　株式会社 翔泳社（https://www.shoeisha.co.jp/）
印刷・製本　日経印刷 株式会社

©2021 ANK Co., Ltd

本書は著作権法上の保護を受けています。本書の一部または全部について（ソフトウェアおよびプログラムを含む）、株式会社 翔泳社から文書による許諾を得ずに、いかなる方法においても無断で複写、複製することは禁じられています。

乱丁・落丁はお取り替えいたします。03-5362-3705 までご連絡ください。

ISBN978-4-7981-7028-2　Printed in Japan

●本書内容に関するお問い合わせについて

本書に関するご質問や正誤表については、下記のWebサイトをご参照ください。

刊行物Q&A　https://www.shoeisha.co.jp/book/qa/
正誤表　https://www.shoeisha.co.jp/book/errata/

インターネットをご利用でない場合は、FAXまたは郵便にて、下記“翔泳社 愛読者サービスセンター”までお問い合わせください。

〒160-0006 東京都新宿区舟町5
FAX番号 03-5362-3818

宛先（株）翔泳社 愛読者サービスセンター

電話でのご質問は、お受けしておりません。また、本書の対象を越えるもの、記述個所を特定されないもの、また読者固有の環境に起因するご質問等にはお答えできませんので、あらかじめご了承ください。

※本書に記載されたURL等は予告なく変更される場合があります。
※本書の出版にあたっては正確な記述につとめましたが、著者や出版社などのいずれも、本書の内容に対してなんらかの保証をするものではなく、内容やサンプルに基づくいかなる運用結果に関してもいっさいの責任を負いません。
※本書に掲載されているサンプルプログラムやスクリプト、および実行結果を記した画面イメージなどは、特定の設定に基づいた環境にて再現される一例です。
※本書に記載されている会社名、製品名はそれぞれ各社の商標および登録商標です。